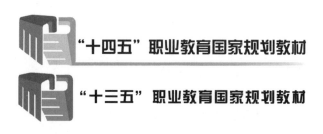

"十四五"职业教育国家规划教材

"十三五"职业教育国家规划教材

公差配合与技术测量

主　编　张　瑾　饶静婷　巩　芳

副主编　周启芬　李涛远　宋本超

参　编　于延军　杨　眉　张　伟　李　慧
　　　　张海英　蔡　强　李自国　闫　冬

机械工业出版社

本书为"十四五"职业教育国家规划教材，是根据教育部《关于全面提高高等职业教育教学质量的若干意见》等文件精神，采取以基于工作过程的项目为单元，任务为引领，循序渐进、步步深入的编写模式。各个项目之间既相对独立又相互关联。每个任务都设计了知识目标、技能目标、素养目标、任务描述、任务分析、相关知识、任务实施、知识拓展、练习与思考等教学要素。本书采用"校企合作"模式，同时运用了"互联网+"形式，在重要知识点嵌入二维码，方便学生理解相关知识，进行更深入地学习。

本书除绪论外共分6个项目，内容包括走进检测世界、零件长度误差的检测、零件几何误差的检测、零件表面结构参数与检测、标准件的精度与检测、圆柱齿轮精度的检测和机械零件的综合检测。为便于教学，本书配套有电子课件、教学视频等教学资源，选择本书作为教材的教师可登录www.cmpedu.com，注册、免费下载。

本书可作为职业院校机械类相关专业教材，也可作为相关岗位培训用书。

图书在版编目（CIP）数据

公差配合与技术测量/张瑾，饶静婷，巩芳主编. —北京：机械工业出版社，2019.7（2023.8重印）

"十三五"职业教育国家规划教材

ISBN 978-7-111-62953-5

Ⅰ.①公… Ⅱ.①张… ②饶… ③巩… Ⅲ.①公差-配合-高等职业教育-教材②技术测量-高等职业教育-教材 Ⅳ.①TG801

中国版本图书馆 CIP 数据核字（2019）第 115647 号

机械工业出版社（北京市百万庄大街22号 邮政编码100037）
策划编辑：齐志刚 责任编辑：黎 艳
责任校对：肖 琳 封面设计：张 静
责任印制：任维东
三河市骏杰印刷有限公司印刷
2023 年 8 月第 1 版第 14 次印刷
184mm×260mm · 11.5 印张 · 279 千字
标准书号：ISBN 978-7-111-62953-5
定价：39.80 元

电话服务　　　　　　　　　网络服务
客服电话：010-88361066　　机　工　官　网：www.cmpbook.com
　　　　　010-88379833　　机　工　官　博：weibo.com/cmp1952
　　　　　010-68326294　　金　书　网：www.golden-book.com
封底无防伪标均为盗版　机工教育服务网：www.cmpedu.com

关于"十四五"职业教育
国家规划教材的出版说明

为贯彻落实《中共中央关于认真学习宣传贯彻党的二十大精神的决定》《习近平新时代中国特色社会主义思想进课程教材指南》《职业院校教材管理办法》等文件精神，机械工业出版社与教材编写团队一道，认真执行思政内容进教材、进课堂、进头脑要求，尊重教育规律，遵循学科特点，对教材内容进行了更新，着力落实以下要求：

1. 提升教材铸魂育人功能，培育、践行社会主义核心价值观，教育引导学生树立共产主义远大理想和中国特色社会主义共同理想，坚定"四个自信"，厚植爱国主义情怀，把爱国情、强国志、报国行自觉融入建设社会主义现代化强国、实现中华民族伟大复兴的奋斗之中。同时，弘扬中华优秀传统文化，深入开展宪法法治教育。

2. 注重科学思维方法训练和科学伦理教育，培养学生探索未知、追求真理、勇攀科学高峰的责任感和使命感；强化学生工程伦理教育，培养学生精益求精的大国工匠精神，激发学生科技报国的家国情怀和使命担当。加快构建中国特色哲学社会科学学科体系、学术体系、话语体系。帮助学生了解相关专业和行业领域的国家战略、法律法规和相关政策，引导学生深入社会实践、关注现实问题，培育学生经世济民、诚信服务、德法兼修的职业素养。

3. 教育引导学生深刻理解并自觉实践各行业的职业精神、职业规范，增强职业责任感，培养遵纪守法、爱岗敬业、无私奉献、诚实守信、公道办事、开拓创新的职业品格和行为习惯。

在此基础上，及时更新教材知识内容，体现产业发展的新技术、新工艺、新规范、新标准。加强教材数字化建设，丰富配套资源，形成可听、可视、可练、可互动的融媒体教材。

教材建设需要各方的共同努力，也欢迎相关教材使用院校的师生及时反馈意见和建议，我们将认真组织力量进行研究，在后续重印及再版时吸纳改进，不断推动高质量教材出版。

机械工业出版社

前　言

为了更好地服务山东省职业教育、深化教学改革，依据《关于启动山东省中职与五年制高职教材开发的说明》（2016 年 7 月 20 日）要求，保证高质量教材进课堂，全面提高教育教学质量，机械工业出版社和山东职业学院于 2016 年 9 月共同举办了山东省高等职业院校"机械制造与自动化专业""数控技术专业"教材建设研讨会。在会上，来自全省该专业的骨干教师、企业专家研讨了新的职业教育形势下该专业的课程体系和内容。本书是根据山东省五年制高职教学指导方案和会议精神，结合专业培养目标以及现阶段的教学实际进行编写的。

"公差配合与技术测量"是职业院校机械设计制造及自动化专业的一门重要的技术基础课，在专业知识和技能体系中占有重要地位。编者在多年教学实践的基础上，结合我国公差配合与测量技术和机电领域对职业人员的需求，深入贯彻党的二十大精神，增强职业教育适应性，着重提高从业人员的理论知识水平及实践能力，书中采取以基于工作过程的项目为单元，任务为引领，循序渐进、步步深入的编写模式，各个项目之间既相对独立又相互关联。每个任务都设计了知识目标、技能目标、素养目标、任务描述、任务分析、相关知识、任务实施、知识拓展、练习与思考等教学要素，并将新技术、新工艺、新规范标准纳入教学内容，体例新颖、脉络清晰、互动充分、便于操作。本书的主要特点有：

（1）教学设计独特　本书以任务来驱动教学，每个任务均来源于学生车工和数控加工的实践，根据学生的认知特点，以工作过程为导向，层层推进，直至完成工作任务。

（2）教学体例新颖　本书适用于"基于工作过程"的教学模式，即以任务为主线，以典型零件为载体，结合工作过程培养学生的职业技能。

（3）提高职业素养　本书遵循"做中学，学中做，教、学、做合一"的教学理念，理论上以适用、够用为度，技能上以满足企业的用工需求为宜，并添加适当的 1+X 数控车铣加工职业技能等级认证考试模拟题，强化岗前培训，提升综合职业能力。

（4）教学信息丰富　本书运用了"互联网+"技术，在部分知识点附近设置了二维码，使用者可以用智能手机进行扫描，便可在手机屏幕上显示和教学资源相关的多媒体内容，方便学生理解相关知识，进行更深入地学习。在介绍任务实施时大多采用表格和图片的形式，更生动、形象、具体，便于学生理解。

本书由枣庄科技职业学院张瑾、聊城技师学院饶静婷和枣庄科技职业学院巩芳主编，具体编写分工为：绪论、项目一由张瑾编写，项目二由周启芬编写，项目三由饶静婷编写，项目四由巩芳编写，项目五由李涛远编写，项目六由宋本超编写。参加本书编写工作的还有于延军、杨眉、张伟、李慧、张海英、蔡强、李自国、闫冬。

本书经山东省职业教育教材审定委员会审定，在此对他们表示衷心的感谢！

由于编者水平有限，书中难免存在缺点和错误，恳请广大读者批评指正。

编　者

二维码索引

（续）

序号	名称	二维码	页码	序号	名称	二维码	页码
17	规范操作、记录数值		21	27	素养教育2		42
18	收尾工作		21	28	素养教育3		83
19	提交检测报告		21	29	素养教育4		95
20	间隙配合		28	30	素养教育5		127
21	过盈配合		28	31	素养教育6		137
22	过渡配合		28	32	素养教育7		147
23	螺纹的基础知识		97	33	计算查表法尺寸精度设计实例分析		37
24	平键联接		117	34	几何精度设计实例分析		81
25	减速器输出轴表面结构参数的检测		142	35	表面粗糙度设计实例分析		94
26	素养教育1		5				

目　录

绪论

走进检测世界

【知识目标】

1. 掌握互换性的概念、分类及互换性在设计、制造、使用和维修等方面的重要作用。
2. 掌握互换性与公差、检测的关系。
3. 掌握检测的内容。

【技能目标】

1. 能够识别具有互换性的零件。
2. 熟悉机械零件检测的主要内容。

【素养目标】

了解我国检测技术的发展史，增强学生的民族自豪感以及探索未知、追求真理的责任感和使命感。

【任务描述】

将全班同学分为若干组，给每组分发一批不同规格的螺栓和螺母（图0-1），以及钢直尺、游标卡尺和螺纹规等简单的量具。让学生们通过测量和装配，找出螺栓和螺母能够正确旋合在一起的条件。

图 0-1　螺栓和螺母

【任务分析】

通过对螺栓与螺母自由旋合的分析，知道同规格的零件可以实现互换。零件的互换性是现代化生产的需求，由公差来保证，而公差的数值由国家标准规定。

通过对可互换螺栓尺寸的测量，知道零件在加工过程中产生的误差只要在公差范围内即可满足互换性要求。将误差控制在公差范围内是通过检测手段来实现的，即检测技术是零件加工质量的保障。

 【相关知识】

1. 互换性

在日常生活中，如人们经常使用的自行车和手表的零件，生产中使用的各种设备的零件等，当它们损坏以后，修理人员很快就可以用同样规格的零件换上，恢复自行车、手表和设备的功能。

互换性是指在同一规格的一批零件或部件中，任取其一，不需任何挑选、调整或附加修配（如钳工修理）就能进行装配，并能保证满足机械产品的使用性能要求的一种特性。具有这种特性的零件或部件即为具有互换性的零件或部件，如滚动轴承（图0-2）、螺栓、螺母等。

图 0-2　具有互换性的滚动轴承

（1）互换性的种类

1）根据使用场合的不同分类。

① 内互换。标准部件内部各零件间的互换性称为内互换。

② 外互换。标准部件与其相配件间的互换性称为外互换。

例如滚动轴承，其外圈与机座孔、内圈与轴颈的配合为外互换；外圈、内圈滚道与滚动体间的配合为内互换。

2）根据互换程度的不同分类。

① 完全互换性。零部件在装配时不需选配或辅助加工即可装成具有规定功能的机器，称为完全互换。

② 不完全互换性。零部件在装配时需要选配（但不能进一步加工）才能装成具有规定功能的机器，称为不完全互换。提出不完全互换是为了降低零件制造成本。在机械装配时，当机器装配精度要求很高时，若采用完全互换，会使零件公差太小，造成加工困难，成本很高。这时应采用不完全互换，将零件的制造公差放大，并利用选择装配的方法将相配件按尺寸大小分为若干组，然后按组相配，即大孔和大轴相配、小孔和小轴相配，同组内的各零件能实现完全互换，组际间则不能互换。为了制造方便和降低成本，内互换零件应采用不完全互换。但是为了使用方便，外互换零件应实现完全互换。

（2）互换性的意义　在机械工业设计、制造、使用和维修的各个环节，互换性都发挥着重要作用，见表0-1。

（3）实现互换性的条件　为满足机械制造中零件所具有的互换性，要求生产零件尺寸应在允许的公差范围之内。这就必须对一种零件的形式、尺寸、精度、性能等规定一个统一的标准。同类产品还需按尺寸大小合理分档，以减少产品的系列，这就是产品标准化。

表 0-1　互换性的意义

应　用	措　施	效　果
设计	采用标准件或通用件	简化绘图与计算,缩短设计周期,有利于计算机辅助设计和产品的多样化
制造、装配	采用分散加工、集中装配	有利于组织专业化协作生产。有利于实现加工和装配过程的机械化、自动化
使用、维修	易耗品采用标准件、通用件,规范维修操作	减少了维修时间,降低了费用,提高了机械的利用率

标准不是一成不变的,随着技术的进步以及生产条件的改善,标准在执行过程中需要不断地修改与完善,以更好地服务于工业生产。

2. 极限与配合国家标准简介

国家标准是随着社会的需求和科学技术的发展而发展的,并随着工业化程度的提高而不断完善。我国最早的极限与配合国家标准是 1959 年颁布的 GB 159～174—1959《公差与配合》,属于 OCT 制(苏联)标准。该标准对我国当时国民经济(特别是机械工业)的发展起到了重要作用。20 世纪 70 年代,随着机械工业的迅速发展,我国与世界各国的经济技术交流日益频繁,该标准已不再适合,于是 1979 年颁布了 GB 1800～1804—1979《公差与配合》。这是以国际标准为基础的新国家标准。20 世纪 90 年代,随着改革的不断深入,我国工业生产与国际接轨,为使国际交流向纵深发展,我国以国际标准 ISO 286-1:1988 为基础颁布了《极限与配合基础》,即 GB/T 1800.1—1997、GB/T 1800.2—1998、GB/T 1800.3—1998。随着国际化进程的加速,2008 年,我国将这三项国家标准修订整合为 GB/T 1800.1～2—2009《产品几何技术规范(GPS)极限与配合》。这项标准是在跟踪和研究 ISO 286-1 系列标准的基础上发展起来的。它的修订反映了几十年来国际与我国尺寸公差理论、技术和方法的发展状况。修订后的标准更加适合我国目前的生产发展水平。

掌握和应用极限与配合国家标准,是机械设计和制造的重要环节,是保障零件满足使用性能及控制制造成本的重要环节。零件的检测技术是实现互换性生产的必要条件和手段,是工业生产中进行质量管理、贯彻质量标准必不可少的技术保证。

3. 认识检测技术

(1)零件的加工质量与检测

1)零件的加工质量:在机械切削加工过程中,零件的加工质量主要包括加工精度和表面质量。其中,加工精度包括尺寸精度、几何精度,表面质量的主要指标是表面结构要求。加工精度和表面质量是判断零件加工质量好坏的主要指标。

2)检测:检测是测量与检验的总称。测量是用量具或量仪对零件进行比对,从而确定被测零件量值的过程。检验是判断产品合格性的过程,通常不一定要求测出被测量的具体数值。

只有对零件的加工质量进行检测,才能做出合格性的正确判断。因此,检测工作是生产制造过程中的重要环节,是加强质量控制的重要保障。

(2)检测的主要内容

1)尺寸精度的检测:尺寸精度是由尺寸公差控制的。同一公称尺寸的零件,公差值的大小决定了零件的精确程度，常用游标卡尺、千分尺等量具来测量。若测得值在上极限尺寸与下极限尺寸之间，则零件合格；否则，零件不合格。

2）几何精度的检测：在机械加工过程中，零件表面形状和零件几何要素间的相互位置关系不可能绝对准确，它们是由几何公差来控制的，常用百分表等量仪来测量。

3）表面结构参数的检测：零件的表面质量是由表面结构参数来控制的，常用电动轮廓仪和光切显微镜等测量。

4）特殊几何参数的检测：螺纹、齿轮和键的参数不止一个，它们的检测方法也比较复杂，常用螺纹规、公法线千分尺等测量。

在机械加工过程中，对加工、检测人员的技术要求是：看懂图样中的几何图形与技术要求，能根据被测几何量选择合适的量具进行检测，达到控制零件质量的目的。

4. 检测技术的发展

我国早在商代就有了象牙尺，秦朝统一了度量衡，出现了互换性的萌芽；东汉时期制造的铜质卡尺，使互换性生产成为可能。

19世纪中叶有了游标卡尺，使加工精度达到0.1mm。20世纪初有了千分尺，使加工精度达到0.01mm。20世纪中叶各种光学仪器的出现，使零件的加工精度以约每10年提高1个数量级的速度飞跃，如1940年有了机械式比较仪，使加工精度达到1μm；1950年有了光学比较仪，使加工精度达到0.2μm；1960年有了电感式测量仪和圆度仪，使加工精度达到0.1μm；1969年有了激光干涉仪，使加工精度达到0.01μm；1982年有了扫描隧道显微镜（STM），使分辨率达到了纳米级，渥拉斯顿型差拍双频激光干涉仪更是将分辨率提高到0.1nm。检测设备如图0-3所示。检测技术不仅促进了机械工业的发展，而且对国防工业的发展也起着重要的推动作用。我国的载人航天飞机，其测试设备数以万计；美国的阿波罗登月计划，其测试费用约占总支出的40%。

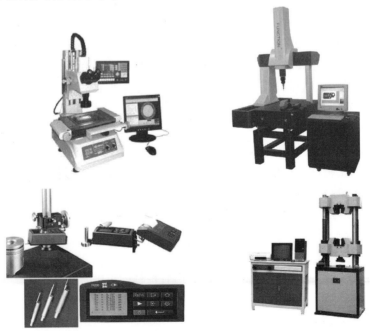

图0-3　检测设备

随着近代科学技术的发展，几何尺寸和几何误差的测量已从一维坐标测量、二维坐标测量发展到三维物体测量。常用的三维轮廓测量法有三维坐标法、干涉法、莫尔等高线法及相位法等。

由于企业的规模不同，其基础设施及检测设备也不尽相同。考虑到经济性，以上这些新技术、新仪器还不能普遍应用于实际生产，大量的机械式测量器具和光学测量仪器在大部分企业中还发挥着主导作用，但它们并不能完全满足现代生产的需求，有待科技工作者不断研究新方法，开发新技术，研制新仪器。

【练习与思考】

1. 什么是互换性？为什么说互换性已成为现代机械制造业中的普遍原则？试列举互换性应用实例。

2. 生产中常用的互换件有哪几种？采用不完全互换的条件和意义是什么？

3. 选择题。

（1）互换性的零件应是（　　）。

A. 相同规格的零件　　　　　　B. 不同规格的零件

C. 相互配合的零件　　　　　　D. 上述三种都不对

（2）互换性按其互换（　　）的不同可分为完全互换和不完全互换。

A. 方法　　　　B. 性质　　　　C. 程度　　　　D. 效果

（3）某种零件，在装配时需要进行修配，则此种零件（　　）。

A. 具有完全互换性　　　　　　B. 具有不完全互换性

C. 不具有互换性　　　　　　　D. 上述三种都不对

（4）检测是互换性生产的（　　）。

A. 保障　　　　B. 措施　　　　C. 基础　　　　D. 原则

（5）加工后的零件实际尺寸与理想尺寸之差称为（　　）。

A. 形状误差　　B. 尺寸误差　　C. 公差　　　　D. 上述三种都不对

【素养教育】直通车1：
知识点滴——我国古代标准化在生产实际中的应用，激发学生不断探索的创新意识，体会互换性技术的应用为生产、生活带来的便利。

项目一

零件长度误差的检测

【项目描述】

本项目主要通过对孔、轴零件的尺寸检测等任务的实施，使学生掌握长度测量的基本知识，可以正确、熟练地选用各种常用计量器具对轴径、孔径进行尺寸检测。

任务一 用游标卡尺检测轴径和孔径

【知识目标】

1. 掌握有关尺寸、偏差及公差的术语及定义。
2. 掌握国家标准中关于标准公差和基本偏差的规定。

【技能目标】

1. 掌握游标类量具的结构及读数方法。
2. 能正确使用游标卡尺对零件的长度尺寸进行检测。
3. 熟悉几何量检测的基本步骤与相关要求。

【素养目标】

通过实施检测任务，引导学生熟悉几何量检测的基本步骤，逐步建立分析问题的工程观和全局观。

【任务描述】

图 1-1 所示是学生在数控实习中要加工的螺纹联接轴的零件图。图 1-2 所示为学生加工的一个成品件。试确定 $\phi 44$mm 轴段尺寸是否合格。

【任务分析】

在机械加工中，尺寸公差是衡量产品是否满足使用要求的重要技术指标之一。对于工业生产中的零件，很难用肉眼直观地判定其合格性，必须使用量具进行测量，将测得值与零件图进行对比（比较测得值是否在尺寸公差允许的范围内），从而做出合格性判断。

会识读图样中的尺寸要求。从图 1-1 可知，该零件的待检项目包括内径尺寸、外径尺寸、槽深和轴肩长度等。

选择计量器具

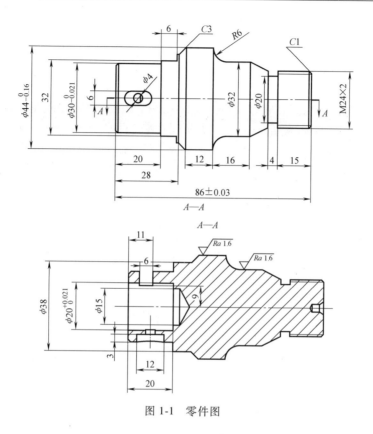

图 1-1　零件图

图 1-2　成品件

　　该零件 $\phi 44$mm 轴段尺寸为中等精度，根据零件的结构，很适合用游标卡尺来测量。

【相关知识】

　　我国现行的极限与配合国家标准主要有 5 项，本内容主要依据 GB/T 1800.1—2020《产品几何技术规范（GPS）极限与配合　第 1 部分：公差、偏差和配合的基础》、GB/T 1804—2000《一般公差　未注公差的线性和角度尺寸的公差》编写。

1. 极限与配合术语

（1）尺寸

1）公称尺寸：是由设计给定的尺寸，是根据产品的使用要求、零件的刚度等要求，计算或通过实验而确定的。孔的公称尺寸用 D 表示，轴的公称尺寸用 d 表示。

2）极限尺寸：是尺寸要素允许的两个极端尺寸。孔或轴允许的最大尺寸称为上极限尺寸，分别用 D_{max} 和 d_{max} 表示。孔或轴允许的最小尺寸称为下极限尺寸，分别用 D_{min} 和 d_{min} 表示。

3）提取组成要素的局部尺寸（实际尺寸）：该尺寸为通过测量获得的某一孔或轴的尺寸，孔用 D_a 表示，轴用 d_a 表示。

零件尺寸合格的条件：提取组成要素的局部尺寸（实际尺寸）应位于两极限尺寸之间，即

轴：$d_{min} \leqslant d_a \leqslant d_{max}$

孔：$D_{min} \leqslant D_a \leqslant D_{max}$

（2）偏差　某一尺寸与公称尺寸的代数差，其值可为正、负、零。

注意：标注和计算偏差时必须标注 "+、–" 号。

1）极限偏差：极限尺寸减其公称尺寸所得的代数差，如图 1-3 所示。

① 上极限偏差：上极限尺寸减其公称尺寸所得的代数差，孔用 ES 表示，轴用 es 表示

$$ES = D_{max} - D$$

$$es = d_{max} - d$$

② 下极限偏差：下极限尺寸减其公称尺寸所得的代数差，孔用 EI 表示，轴用 ei 表示

$$EI = D_{min} - D$$

$$ei = d_{min} - d$$

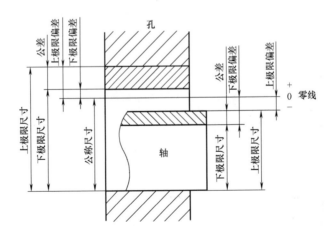

公差带图

图 1-3　公差、偏差及配合

极限偏差在零件图中的标注形式（公称尺寸$^{上极限偏差}_{下极限偏差}$）如图 1-4 所示。

2）实际偏差：实际要素减其公称尺寸所得的代数差，孔用 E_a 表示，轴用 e_a 表示。

注意：对于合格的零件，实际偏差应限制在极限偏差的范围内，也可达到极限偏差，即

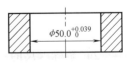

图 1-4　极限偏差
在零件图中的
标注形式

下极限偏差≤实际偏差≤上极限偏差

零件偏差合格的条件为

孔：EI≤E_a≤ES

轴：ei≤e_a≤es

（3）尺寸公差（简称公差）

1）尺寸公差定义：允许尺寸的变动量，如图1-3所示。

孔公差：$T_h = |D_{max} - D_{min}| = |ES - EI|$

轴公差：$T_s = |d_{max} - d_{min}| = |es - ei|$

注意：公差是没有符号的绝对值。公差是用以限制误差的，工件的误差在公差范围内即合格；反之，则不合格。

2）公差带及公差带图：公差带是由代表上、下极限偏差或上、下极限尺寸的两条直线所限定的一个区域。

国家标准规定，为简化图例，常采用公差带图表达公差带。公差带图以公称尺寸为零线，零线以上为正偏差，零线以下为负偏差，如图1-5所示。

结论：公差带是由公差带大小和公差带位置两个要素决定的；其大小由标准公差确定，位置由基本偏差确定。

2. 游标卡尺

（1）游标卡尺的结构　游标卡尺是一种应用游标原理制成的量具。其结构简单、使用方便、测量范围大，可测零件的外径、内径、长度、深度及孔距，主要用于较低精度零件的测量。游标卡尺主要由尺身、游标尺、深度尺、内测量爪、外测量爪和紧固螺钉等组成，如图1-6所示。

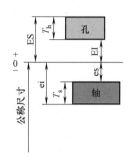

图1-5　尺寸公差带

游标卡尺的分度值是利用尺身和游标尺刻线间的距离之差来确定的，常用的分度值有0.1mm、0.05mm和0.02mm，尺寸规格有0~150mm、0~300mm、0~500mm等几种。

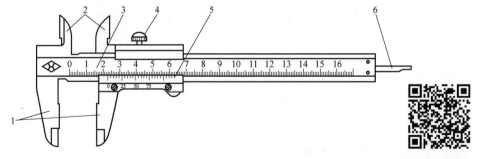

图1-6　游标卡尺

1—外测量爪　2—内测量爪　3—尺身　4—紧固螺钉　5—游标尺　6—深度尺

游标卡尺的结构

（2）游标卡尺的读数方法

1）整数部分：在尺身上读出游标尺零刻线以左的刻度，该值就是最后读数的整数部分。

2）小数部分：看游标尺上第几（N）条刻线与尺身的刻线对齐，则游标尺的读数为N

乘以该游标卡尺的分度值，就得到读数的小数部分。

3）读数：读数值＝整数部分＋小数部分，如图1-7所示。

游标卡尺的
读数示例

读数值为：10mm＋26×0.02mm＝10.52mm

图1-7　游标卡尺的读数

（3）游标卡尺的使用与保养

1）使用前先擦净卡脚，然后合拢两卡脚使之贴合，检查尺身、游标尺零线是否对齐。若未对齐，应在测量后根据原始误差修正读数。

2）测量时，方法要正确，读数时眼睛要垂直于尺面，否则测量不准确。游标卡尺的规范操作与不规范操作如图1-8和图1-9所示。

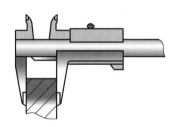

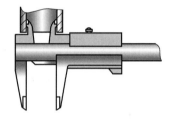

图1-8　游标卡尺的规范操作

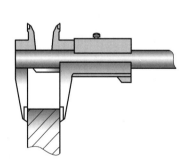

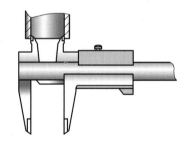

图1-9　游标卡尺的不规范操作

3）当卡脚与被测工件接触后，用力不能过大，以免卡脚变形或磨损，降低测量的准确度。不得用游标卡尺测量毛坯表面。

4）使用完毕后须将游标卡尺擦拭干净，放入盒内。

![任务实施图标]【任务实施】

1. 准备工作：选择量具规格

根据零件图的标注，$\phi44$mm轴段尺寸公差大于0.02mm，所以选择分度值为0.02mm、尺寸规格为 0~150mm 的游标卡尺。

2. 检测零件

（1）擦净零件和游标卡尺的测量面　如图 1-10 所示。

（2）检查尺身、游标尺零线是否对齐　如图 1-11 所示。

调零准备

图 1-10　清洁被测零件

游标卡尺的
调零方法

图 1-11　游标卡尺调零

（3）用游标卡尺测量轴的外径　在同一轴段上取不同的 3 个位置，同一位置取两个不同方向分别测量，测量结果记入零件检测报告单（表 1-1），并判断其合格性，如图 1-12 所示。

规范操作、测
量数据

图 1-12　测量外径尺寸

（4）测量结束　将擦净的游标卡尺放入盒内。

测量收尾工作

表 1-1　零件检测报告单

测量次数	1	2	3	4	5	6
测量值/mm						
合格性判定						

数值处理、提交
测量报告

【知识拓展】

1. 孔和轴

（1）孔　通常是指工件的圆柱形内尺寸要素，也包括非圆柱形的内尺寸要素（两个平行平面或切面的包容面）。在配合关系中，孔为包容面；在加工过程中，孔的尺寸由小变大，如图 1-13 所示。

（2）轴 指工件的圆柱形外尺寸要素，也包括非圆柱形外尺寸要素（由两个平行平面或切面形成的被包容面）。在配合关系中，轴为被包容面；在加工过程中，轴的尺寸由大变小，如图 1-13 所示。

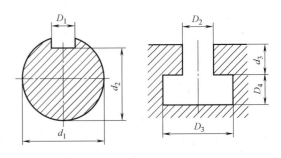

图 1-13　孔和轴

2. 线性尺寸的一般公差及标准

（1）线性尺寸的一般公差 该公差是在车间普通工艺条件下，机床设备一般加工能力可保证的公差。它代表经济加工精度，主要用于较低精度的非配合尺寸，可不检验。这样能简化制图，节省图样设计时间，突出图样上注出公差的尺寸，以便在加工和检验时引起重视。

国家标准规定：采用一般公差时，只标注公称尺寸，不标注极限偏差，但应在图样的技术要求或技术文件中，用国家标准号或公差等级符号做出说明。例如，当选用中等精度时，表示为 GB/T 1804—m。

（2）一般公差标准 GB/T 1804—2000 对线性尺寸的一般公差规定了 4 个公差等级，即精密 f、中等 m、粗糙 c 和最粗 v。线性尺寸的极限偏差数值见表 1-2。

表 1-2　线性尺寸的极限偏差数值　　　　　　　　　　（单位：mm）

公差等级	尺寸分段					
	0.5～3	>3～6	>6～30	>30～120	>120～400	>400～1000
精密 f	±0.05	±0.05	±0.1	±0.15	±0.2	±0.3
中等 m	±0.1	±0.1	±0.2	±0.3	±0.5	±0.8
粗糙 c	±0.2	±0.3	±0.5	±0.8	±1.2	±2
最粗 v	—	±0.5	±1	±1.5	±2.5	±4

3. 其他游标类量具

（1）游标高度卡尺 游标高度卡尺（图 1-14）主要用于测量高度和对零件进行划线。其测量范围有 0～200mm、0～300mm 和 0～500mm 等。

当用游标高度卡尺划线时，应先调好划线高度，再在平台上调整好锁紧尺框，然后进行划线。

（2）游标深度卡尺 游标深度卡尺（图 1-15a）主要用于测量孔、凹槽深度（图 1-15b）。其测量范围有 0～150mm、0～200mm 和 0～300mm 等。

测量时，应使尺框的测量面贴住被测零件的平面，向下轻推尺身使其与被测量面接触后，即可读数。

（3）游标万能角度尺 游标万能角度尺是利用游标原理进行读数的一种角度量具，可以测量 0°～320° 范围的任意角度。游标万能角度尺及测量示例如图 1-16 所示。

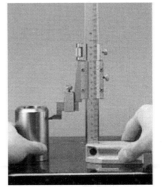

图 1-14　游标高度卡尺测量示例

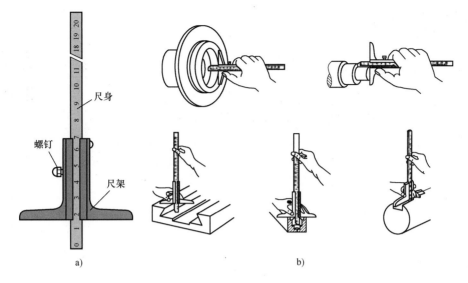

图 1-15　深度游标卡尺及测量示例

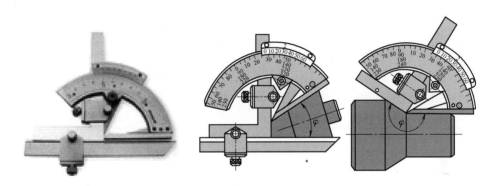

图 1-16　游标万能角度尺及测量示例

（4）游标齿厚卡尺　游标齿厚卡尺用于测量齿轮的齿厚，是齿轮生产中常用的量具之一，如图 1-17 所示。

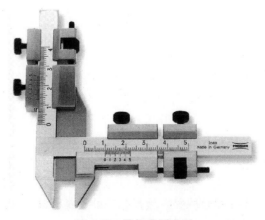

图 1-17　游标齿厚卡尺

【练习与思考】

1. 在你见过的机械零件中，哪些属于轴，哪些属于孔？

2. 求下列零件的极限尺寸、公差，并绘制其公差带图。

（1）孔 $\phi 60^{+0.025}_{0}$ mm　（2）轴 $\phi 55^{+0.010}_{-0.005}$ mm　（3）轴 $\phi 35^{+0.018}_{+0.002}$ mm

3. 计算出下表中空格处数值，并按规定填写在表中。

读数互动小视频

（单位：mm）

公称尺寸	上极限尺寸	下极限尺寸	上极限偏差	下极限偏差	公差	尺寸标注
孔 $\phi 12$	12.050	12.032				
轴 $\phi 60$			+0.072		0.019	
孔 $\phi 30$		29.959			0.021	
轴 $\phi 80$			-0.010	-0.056		
孔 $\phi 50$				-0.034	0.039	
孔 $\phi 40$						$\phi 40^{+0.014}_{-0.011}$
轴 $\phi 70$	69.970				0.074	

4. 用分度值为 0.02mm 的游标卡尺测量一张图纸的厚度和一元硬币的直径。

5. 题图 1-1 中，游标卡尺的分度值是＿＿＿＿＿＿mm，读数是＿＿＿＿＿mm。

题图 1-1　游标卡尺的读数

任务二　用千分尺检测轴径

【知识目标】

1. 掌握国家标准中对标准公差、基本偏差两大系列的规定，理解零件图中尺寸公差代号的含义，能查表确定零件的极限尺寸。

2. 掌握零件图中公差带的各种标注形式。

3. 了解测量技术的基本理论和基础知识。

【技能目标】

1. 能根据被测零件的零件图样的要求选择合适的计量器具。

2. 能正确使用千分尺对零件进行检测。

【素养目标】

通过选择合适的计量器具，培养学生精益求精的工匠精神。

【任务描述】

图 1-18 所示是学生在数控实习中要加工的螺纹联接轴的零件简图，试确定 $\phi30mm$ 轴段尺寸是否合格。

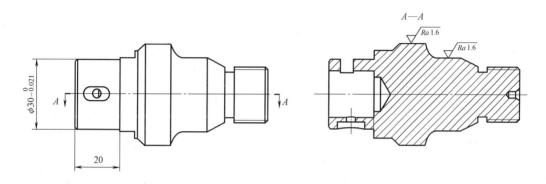

图 1-18　零件简图

【任务分析】

通过分析零件简图可知，该零件 $\phi30mm$ 的轴段要与孔配合，尺寸精度要求较高，游标卡尺的测量精度已不能满足这个任务的尺寸精度要求，可以选用精度更高的千分尺进行测量。

选择量具

【相关知识】

我国现行的极限与配合国家标准主要有 5 项，本内容主要依据 GB/T 1800.1—2020《产品几何技术规范（GPS）极限与配合　第 1 部分：公差、偏差和配合的基础》、GB/T 1801—2009《产品几何技术规范（GPS）极限与配合　公差带和配合的选择》编写。

1. 标准公差系列

极限与配合国家标准中所规定的任意公差称为标准公差。它反映了尺寸的精度和加工的难易程度。

（1）公差等级　为了满足生产需求，国家标准规定标准公差分为 20 个等级，即 IT01、IT0、IT1、IT2、…、IT18。其中，IT01 精度最高，IT18 精度最低。

标准公差

注意：同一公差等级具有相同的精度，即相同的加工难易程度。

（2）标准公差数值　标准公差数值与公差等级、公称尺寸有关，见表 1-3。

为简化表格，国家标准对公称尺寸进行了分段，对同一尺寸段内的所有公称尺寸，在公差等级相同时，规定具有相同的标准公差数值。

表 1-3　标准公差数值（GB/T 1800.1—2020）

公称尺寸 /mm		标准公差等级																	
		IT1	IT2	IT3	IT4	IT5	IT6	IT7	IT8	IT9	IT10	IT11	IT12	IT13	IT14	IT15	IT16	IT17	IT18
大于	至	μm											mm						
—	3	0.8	1.2	2	3	4	6	10	14	25	40	60	0.1	0.14	0.25	0.4	0.6	1	1.4
3	6	1	1.5	2.5	4	5	8	12	18	30	48	75	0.12	0.18	0.3	0.48	0.75	1.2	1.8
6	10	1	1.5	2.5	4	6	9	15	22	36	58	90	0.15	0.22	0.36	0.58	0.9	1.5	2.2
10	18	1.2	2	3	5	8	11	18	27	43	70	110	0.18	0.27	0.43	0.7	1.1	1.8	2.7
18	30	1.5	2.5	4	6	9	13	21	33	52	84	130	0.21	0.33	0.52	0.84	1.3	2.1	3.3
30	50	1.5	2.5	4	7	11	16	25	39	62	100	160	0.25	0.39	0.62	1	1.6	2.5	3.9
50	80	2	3	5	8	13	19	30	46	74	120	190	0.3	0.46	0.74	1.2	1.9	3	4.6
80	120	2.5	4	6	10	15	22	35	54	87	140	220	0.35	0.54	0.87	1.4	2.2	3.5	5.4
120	180	3.5	5	8	12	18	25	40	63	100	160	250	0.4	0.63	1	1.6	2.5	4	6.3
180	250	4.5	7	10	14	20	29	46	72	115	185	290	0.46	0.72	1.15	1.85	2.9	4.6	7.2
250	315	6	8	12	16	23	32	52	81	130	210	320	0.52	0.81	1.3	2.1	3.2	5.2	8.1
315	400	7	9	13	18	25	36	57	89	140	230	360	0.57	0.89	1.4	2.3	3.6	5.7	8.9
400	500	8	10	15	20	27	40	63	97	155	250	400	0.63	0.97	1.55	2.5	4	6.3	9.7
500	630	9	11	16	22	32	44	70	110	175	280	440	0.7	1.1	1.75	2.8	4.4	7	11
630	800	10	13	18	25	36	50	80	125	200	320	500	0.8	1.25	2	3.2	5	8	12.5
800	1000	11	15	21	28	40	56	90	140	230	360	560	0.9	1.4	2.3	3.6	5.6	9	14
1000	1250	13	18	24	33	47	66	105	165	260	420	660	1.05	1.65	2.6	4.2	6.6	10.5	16.5
1250	1600	15	21	29	39	55	78	125	195	310	500	780	1.25	1.95	3.1	5	7.8	12.5	19.5
1600	2000	18	25	35	46	65	92	150	230	370	600	920	1.5	2.3	3.7	6	9.2	15	23
2000	2500	22	30	41	55	78	110	175	280	440	700	1100	1.75	2.8	4.4	7	11	17.5	28
2500	3150	26	36	50	68	96	135	210	330	540	860	1350	2.1	3.3	5.4	8.6	13.5	21	33

注：1. 公称尺寸大于 500mm 的 IT1~IT5 的标准公差数值为试行的。

　　2. 公称尺寸小于或等于 1mm 时，无 IT14~IT18。

2. 基本偏差系列

基本偏差是指在极限与配合制中用以确定公差带相对零线位置的上极限偏差或下极限偏差，一般为靠近零线的那个偏差，如图 1-19 所示，是决定公差带位置的参数。

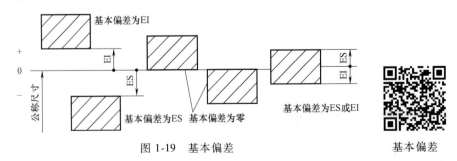

图 1-19　基本偏差

（1）基本偏差代号　国家标准中对孔、轴分别规定了 28 种基本偏差，代号用拉丁字母表示，大写字母表示孔的基本偏差，小写字母表示轴的基本偏差，见表 1-4。

表 1-4　孔和轴的基本偏差代号

项目	基本偏差代号																								
孔	A	B	C	D	E	F	G	H	J	K	M	N	P	R	S	T	U	V	X	Y	Z				
			CD		EF	FG			JS													ZA	ZB	ZC	
轴	a	b	c	d	e	f	g	h	j	k	m	n	p	r	s	t	u	v	x	y	z				
			cd		ef	fg			js													za	zb	zc	

（2）基本偏差的特点　由图 1-20 可知，基本偏差有以下特点：

孔和轴同字母的基本偏差相对零线基本呈对称分布。A～H 孔的基本偏差是下极限偏差 EI，H 的下极限偏差为 0，J～ZC 孔的基本偏差是上极限偏差 ES；a～h 轴的基本偏差是上极限偏差 es，h 的上极限偏差为 0，j～zc 轴的基本偏差是下极限偏差 ei。代号为 JS 和 js 的孔和轴的公差带相对于零线是对称的。

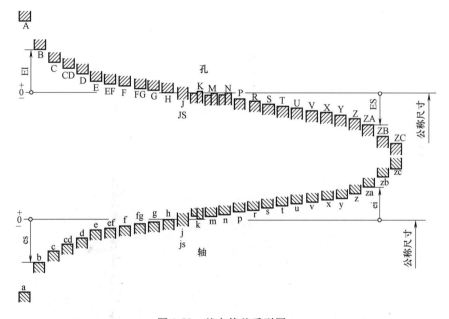

图 1-20　基本偏差系列图

（3）基本偏差的数值　在实际使用时，基本偏差的数值可直接通过查表获得，见附录 A 和附录 B。当孔和轴的基本偏差确定后，另一个极限偏差可根据下列公式计算。

孔：$EI = ES - T_h$　或　$ES = EI + T_h$

轴：$ei = es - T_s$　或　$es = ei + T_s$

3. 公差带

（1）公差带代号　孔、轴公差带代号由基本偏差代号和公差等级数字组成。例如：孔公差带代号 H9、G7、B11，轴公差带代号 h6、d8、k6、s6。

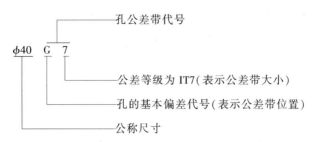

（2）零件图中的标注形式　在零件图中，公差带有 3 种标注方法，如图 1-21 所示。

1）标注公称尺寸、公差带代号和极限偏差值，如 $\phi30H8$（$^{+0.033}_{0}$）、$\phi30f7$（$^{-0.020}_{-0.041}$）。

2）标注公称尺寸和公差带代号，如 $\phi30H8$、$\phi30f7$。

3）标注公称尺寸和极限偏差值，如 $\phi30^{+0.033}_{0}$、$\phi30^{-0.020}_{-0.041}$。

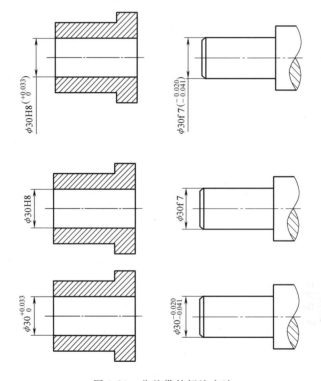

图 1-21　公差带的标注方法

（3）公差带系列　国家标准对公称尺寸至 500mm 的孔和轴规定了一般、常用和优先用途公差带。

图 1-22 列出了 116 种轴的一般公差带，其中，方框内为 59 种常用公差带，圆圈内为 13 种优先公差带。

图 1-23 列出了 105 种孔的一般公差带，其中，方框内为 44 种常用公差带，圆圈内为 13 种优先公差带。

4. 千分尺

（1）千分尺的结构　千分尺是一种精密量具，使用方便，结构简单，读数准确，测量精度比游标卡尺高。千分尺主要由尺架、固定套筒、微分筒、砧座、测微螺杆、锁紧装置和

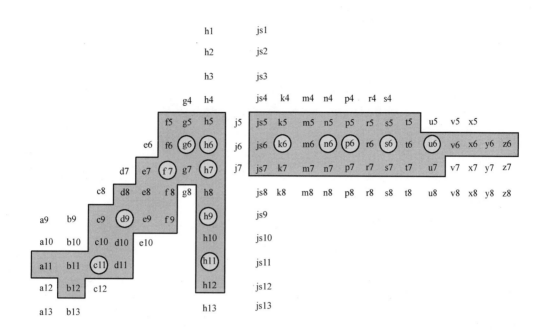

图 1-22　小于或等于 500mm 轴的一般、常用和优先公差带

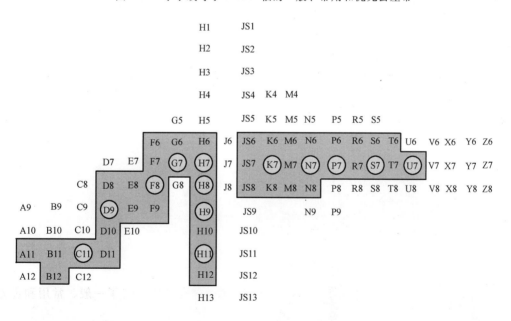

图 1-23　小于或等于 500mm 孔的一般、常用和优先公差带

测力装置等组成（图 1-24），主要用于测量工件的各种外形尺寸，如外径、长度、厚度及壁厚等。

千分尺的分度值是 0.01mm，常用规格有 0~25mm，25~50mm，50~75mm 等。

（2）千分尺的读数

1）首先读出固定套筒上的主尺读数。

2）再读出微分筒上的小数。

外径千分尺的
读数方法

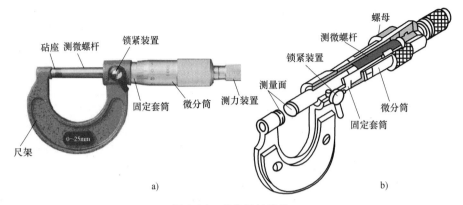

图 1-24　千分尺的结构

a）实物图　b）结构简图

3）主尺读数与小数相加为实测所得尺寸，如图 1-25 所示。

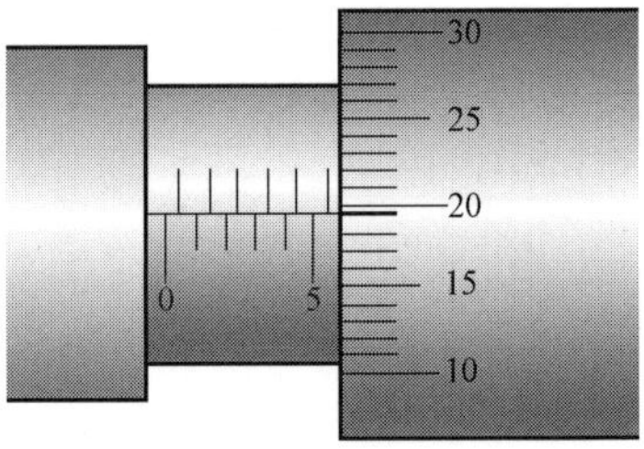

（3）千分尺的使用和保养

1）使用千分尺时先要检查其零位是否校准，因此先松开锁紧装置，砧座与测微螺杆间接触面（测量面）要清洗干净。检查微分筒的端面是否与固定套筒上的零刻线重合。

2）测量前应把千分尺擦干净，检查千分尺的测微螺杆是否磨损，测微螺杆紧密贴合时，应无明显的间隙。

3）当测微螺杆接近被测工件时，一定要改用微调旋钮，不能直接旋转微分筒测量工件。

读数值为：（5+0.5+0.190）mm＝5.690mm

图 1-25　千分尺的读数

4）测量时，应手握隔热装置，尽量减少手和千分尺金属部分的接触，如图 1-26 所示。

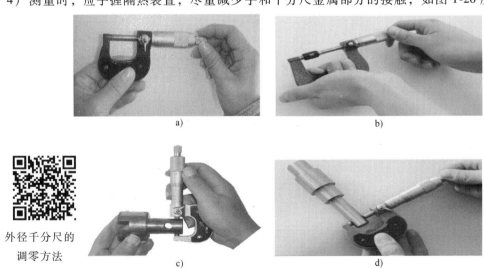

外径千分尺的
调零方法

图 1-26　千分尺操作示范

a）检查千分尺　b）校对零位　c）单手测量　d）双手测量

5）千分尺使用完毕，应用布擦干净，在砧座和测微螺杆的测量面间留出空隙，放入盒中。如长期不使用可在测量面上涂上防锈油，置于干燥处。

【任务实施】

1．准备工作

1）擦净零件和千分尺的砧座和测微螺杆。

2）用标准量棒校正千分尺零位，如图1-27所示。

2．检测零件

1）用千分尺测量轴的外径，如图1-28所示。

操作准备　　规范操作、记录数值

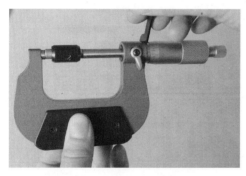

图1-27　千分尺的零位调整

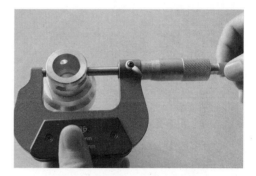

图1-28　测量轴外径尺寸

2）在同一轴段上取不同的3个位置，同一位置取两个不同方向分别测量，将测量结果记入零件检测报告单（表1-5），并判断其合格性。

3）测量结束后，将千分尺擦净，测头回归零位，放入盒内。

收尾工作

表1-5　零件检测报告单

测量次数	1	2	3	4	5	6
测量值/mm						
合格性判定						

提交检测报告

【知识拓展】

1．技术测量基础

"测量"是将被测的几何量与一个作为测量单位的标准量进行比较的实验过程。任何一个完整的测量过程都包括4个要素，即测量对象、测量器具、测量方法和测量精度。

（1）测量单位　在我国法定的计量单位中，角度的基本单位是度，长度的基本单位是米，机械制造中常用的单位是毫米，见表1-6。

表1-6　长度计量单位

单位名称	符号	备　注
米	m	
分米	dm	
厘米	cm	忽米不是法定计量单位，但是在工厂中常用，被
毫米	mm	称为"丝"或"道"
忽米	cmm	
微米	μm	

（2）测量方法　测量方法是指测量时采用的测量原理、测量器具和测量条件的总和。几何量的种类繁多，从不同角度出发有不同的分类方法，见表1-7。

表1-7　测量方法分类

按实测量是否 被测量分类	直接测量	用计量器具直接测量被测量的整个数值或相对于标准量的偏差
	间接测量	测量与被测量有函数关系的其他量,再通过计算求出被测量
按比较方式分类	绝对测量	在计量器具的读数装置上可表示出被测量的全值
	相对测量	在计量器具的读数装置上只表示出被测量相对标准量的偏差值
按接触形式分类	接触测量	量具或量仪的测量元件与被测表面直接接触
	非接触测量	量具或量仪的测量元件不与被测表面直接接触
按同时测量被测 量的数值分类	单项测量	对被测件的个别参数分别进行测量
	综合测量	同时检测工件上的几个有关参数,综合判断工件是否合格
按被测量所处 的状态分类	静态测量	测量时,零件静止不动
	动态测量	测量时,零件相对测量元件运动
按测量对工艺 的作用分类	主动测量	加工过程中进行的测量,目的是控制加工精度
	被动测量	加工结束后进行的测量,目的是发现和剔除废品

（3）测量器具　测量器具可分为4类，即标准量具、通用量具量仪、极限量规和计量装置，如图1-29所示。

a)

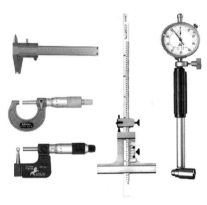

b)

c)

d)

图1-29　测量器具

a）标准量具　b）通用量具量仪　c）极限量规　d）计量装置

（4）测量器具的基本计量参数 计量参数是表征计量器具的性能和功用的指标，是选择和使用计量器具的主要依据。

1）分度值：计量器具刻尺或度盘上相邻两刻线所代表的量值之差。例如，千分尺的分度值是 0.01mm。分度值是量仪能指示出被测件量值的最小单位。数字显示仪器的分度值称为分辨率，它表示最末一位数字间隔所代表的量值之差。

2）标尺间距：量仪刻尺或刻盘上两相邻刻线的中心距离，通常取 0.75～2.5mm。例如，游标卡尺尺身的标尺间距是 1mm。

3）示值范围：计量器具所指示或显示的最低值到最高值的范围。例如，游标卡尺的示值范围为 0～200mm。

4）测量范围：在允许误差极限内，计量器具所能测量零件的最低值到最高值的范围。例如，游标卡尺的测量范围为 0～150mm。

（5）测量误差 在测量过程中，由于受到测量器具和测量条件等因素的影响，不可避免地会产生测量误差。测量误差是指测得值与真实值之差。测量误差按性质可分为 3 类，见表 1-8。

表 1-8 测量误差的分类

误差种类	误差特点	误差的产生原因	误差的处理方法
系统误差	在同一测量条件下，多次测量同一量时，大小和符号不变或按一定规律变化的误差	1. 仪器误差，如量具零位不准 2. 理论误差，如理论公式是近似值，实验条件不达标 3. 人为误差，如操作过快 4. 环境误差，如环境温度过高	1. 从根源上消除：测量前对各环节仔细分析，从源头消除误差 2. 加修正值消除：测量前检测量具的误差，加以修正
随机误差	在同一测量条件下，多次测量同一量时，大小和符号以不可预定的方式变化的误差	原因很多，主要与量具、量仪的灵敏度有关，如受到温度、电磁干扰等，无法预测和消除	多次测量取平均值法消除：在实际测量时，多测几个值，取其平均值作为测量结果
粗大误差	超出规定条件预期的误差	操作者过失，如方法不合理、选错仪器、操作不当、错记错读	剔除后，认真操作

特别提示：

选择测量器具是检验工件的重要环节。测量器具的精度既影响检验零件的可靠性，又决定检验零件的经济性。在测量过程中，测量器具的选择主要由被测零件的精度决定，同时还要考虑零件批量、生产方式及生产成本等因素。操作人员不仅要学会合理地选用测量器具，还要正确地使用和保养测量器具。

2. 常用千分尺

其他常用千分尺见表 1-9。

表 1-9 其他常用千分尺

名 称	图 片	特 点
内径千分尺		主要用来测量内孔径尺寸及槽宽，测量范围有 5～30mm 和 25～50mm 两种。值得注意的是，其固定套筒上刻线的标注方向与外径千分尺相反

（续）

名　称	图　片	特　点
深度千分尺		主要结构与外径千分尺相似,只是用基座代替了尺架和测砧。用于测量台阶、槽、不通孔的深度及两平面间的距离。测量范围有0～25mm、25～50mm、50～75mm、75～100mm 4 种
公法线千分尺	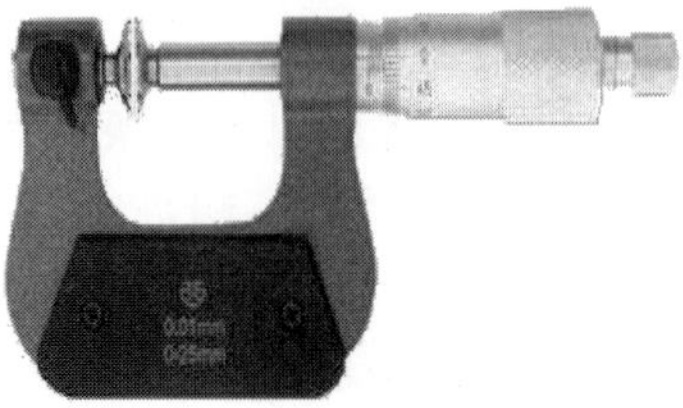	主要用于测量齿轮的公法线长度,两个测量面做成了相互平行的圆盘。测量时将测头插到齿轮齿槽中进行测量,测得齿轮公法线的实际长度
螺纹千分尺	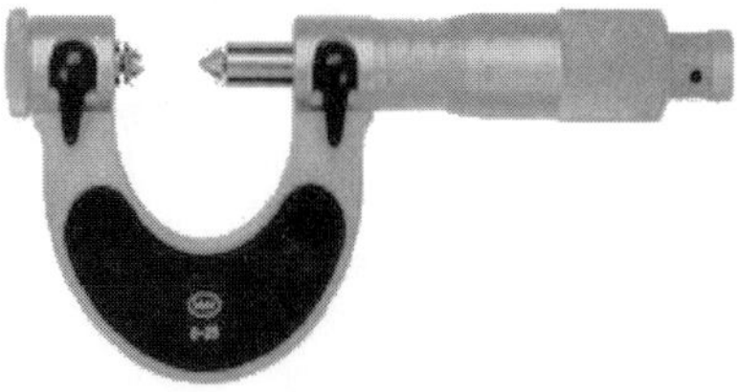	主要用于测量螺纹的中径尺寸,其结构与外径千分尺相似,只是将两个测量面换成了V形测头和锥形测头。测量时锥形测头与牙型沟槽吻合,V形测头与牙型吻合
壁厚千分尺	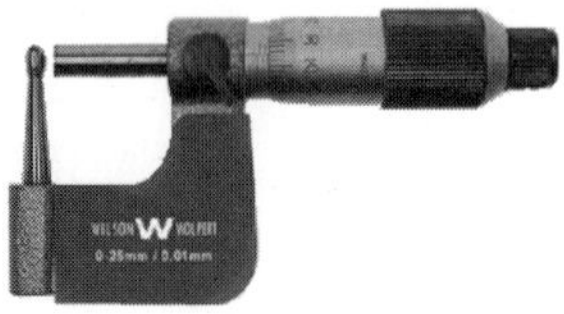	主要用于测量带孔零件的壁厚,前端做成了杆状球头测砧,以便伸入孔内使测砧与孔的内壁贴合

3. 量块

量块用铬锰钢等特殊合金钢或线胀系数小、性质稳定、耐磨以及不易变形的其他材料制成,是保持度量统一的工具,在工厂中常作为长度基准。

量块通常做成矩形截面的长方块,有两个测量面和 4 个非测量面。测量面极为光滑、平整,其表面粗糙度 Ra 值可达 $0.012\mu m$。两测量面之间的距离为工作尺寸(或称标称尺寸),量块的标称尺寸大于 10mm,其横截面尺寸为 35mm×9mm;标称尺寸在 10mm 以下,则横截面尺寸为 30mm×9mm (图 1-30)。

量块形状简单、量值稳定、耐磨性好、使用方便,除每块可单独作为特定的量值使用外,还可以组合成所需的各种不同尺寸使用。

量块的测量面十分光滑和平整,当用力推合两块量块使它们的测量面互相紧密接触时,两块量块便能黏合在一起,量块的这种特性称为研合性。利用量块的研合性,就可以把各种

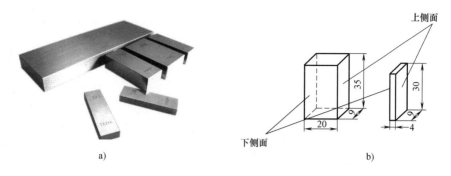

图 1-30　量块

a）实物图　b）示意图

尺寸不同的量块组合成量块组。

（1）用途　量块是长度计量的量值传递系统中的标准器，用于检定低一等的量块、千分尺、游标卡尺、比较仪和一些光学量仪等，也常和比较仪一起利用相对法测量工件尺寸。量块和量块附件在一起可以组成不同尺寸，用以检验一些内、外尺寸（如孔径、孔距等），配以划针盘还可进行钳工划线等工作。

（2）级和等　在我国和其他一些国家，量块精度划分有"级"和"等"。级是按量块的制造精度划分的，可直接按其标称长度使用。根据 GB/T 6093—2001 规定，精度从高到低分 0、1、2、3 和 k 级。

"等"是按量块的检定精度划分的，它把量块的实际尺寸用规定的精密量仪测出后记录在检定表上，按此实际尺寸使用。根据 JJF 1001—2011 将量块由高到低划分为 1~6 等。

量块的"级"和"等"是从成批制造和单个检定两种不同的角度出发，对其精度进行划分的两种形式。按"级"使用时，以标记在量块上的标称尺寸作为工作尺寸，该尺寸包含其制造误差。按"等"使用时，必须以检定后的实际尺寸作为工作尺寸，尺寸不包含制造误差，但包含检定时的测量误差。就同一量块而言，检定时的测量误差要比制造误差小得多。所以，量块按"等"使用时其精度比按"级"使用要高。

（3）组合尺寸　组合量块成一定尺寸时，应从所给尺寸的最后一位数字开始考虑，每选一块应使尺寸的位数减少一位，并使量块数量尽可能少，以减少累积误差（4 块，最多不超过 5 块）。

例如，要组成 87.545mm 的尺寸，若采用 83 块一套的量块，其组合方法是：

量块组的尺寸	87.545mm
选用的第一块量块尺寸	1.005mm
剩下的尺寸	86.54mm
选用的第二块量块尺寸	1.04mm
剩下的尺寸	85.5mm
选用的第三块量块尺寸	5.5mm
剩下的即为第四块量块尺寸	80mm

成套量块的编组见表 1-10。

表 1-10　成套量块的编组

套别	总块数	级别	尺寸系列/mm	间隔/mm	块数
1	91	0,1	0.5		1
			1		1
			1.001,1.002,…,1.009	0.001	9
			1.01,1.02,…,1.49	0.01	49
			1.5,1.6,…,1.9	0.1	5
			2.0,2.5,…,9.5	0.5	16
			10,20,…,100	10	10
2	83	0,1,2,(3)	0.5		1
			1		1
			1.005		1
			1.01,1.02,…,1.49	0.01	49
			1.5,1.6,…,1.9	0.1	5
			2.0,2.5,…,9.5	0.5	16
			10,20,…,100	10	10
3	46	0,1,2	1		1
			1.001,1.002,…,1.009	0.001	9
			1.01,1.02,…,1.09	0.01	9
			1.1,1.2,…,1.9	0.1	9
			2,3,…,9	1	8
			10,20,…,100	10	10
4	38	0,1,2,(3)	1		1
			1.005		1
			1.01,1.02,…,1.09	0.01	9
			1.1,1.2,…,1.9	0.1	9
			2,3,…,9	1	8
			10,20,…,100	10	10

特别提示：

保持使用环境卫生，防止各种腐蚀性物质及灰尘对测量面造成损伤，影响量块黏合性。分清量块的"级"与"等"，注意使用规则。所选量块应用航空汽油清洗、洁净软布擦干，待量块温度与环境温度相同后方可使用，要轻拿、轻放量块，杜绝磕碰、跌落等情况的发生。不得用手直接接触量块，以免造成汗液对量块的腐蚀及手温对测量精确度的影响。使用完毕，应用航空汽油清洗所用量块，并擦干后涂上防锈脂存于干燥处。

【练习与思考】

1. 已知下面孔、轴的公差带代号，查表确定其极限偏差。

$\phi55D8$　$\phi130f6$　$\phi60H7$　$\phi40JS6$

2. 已知下列孔、轴的公差带代号，查表确定其极限偏差，并计算其公差。

$\phi46M6$　$\phi35e6$　$\phi78j5$　$\phi68C10$　$\phi35b11$

3. 已知某配合中孔和轴的公称尺寸为 $\phi90$mm，孔的上极限尺寸为 $\phi89.983$mm，下极限尺寸为 $\phi89.946$mm，轴的上极限尺寸为 $\phi90.002$mm，下极限尺寸为 $\phi89.982$mm，试求孔和轴的极限偏差、基本偏差、公差，并画出孔和轴的公差带示意图。

4. 题图 1-2a 中，读数是_____mm，题图 1-2b 中，读数是_____mm。

5. 用千分尺测量一张 A4 纸的厚度。

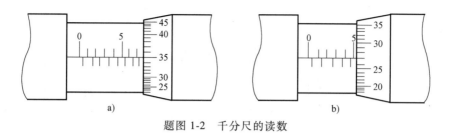

题图 1-2 千分尺的读数

任务三 用内径百分表检测孔径

【知识目标】

1. 掌握配合的基本计算方法。
2. 掌握三类配合在装配图中的标注形式。
3. 熟悉基准制、公差等级、配合性质的选用原则。
4. 能根据图样上的标注判断配合性质，计算极限盈隙。

【技能目标】

1. 能正确安装和调试内径百分表。
2. 能熟练使用内径百分表检测零件内孔尺寸。

【素养目标】

通过选用公差等级和配合制，培养学生查阅国家标准、灵活解决实际问题的能力。

【任务描述】

图 1-31 所示是学生在数控实习中要加工的螺纹联接轴的零件简图，试确定 $\phi30mm$ 轴段上加工的内孔尺寸 $\phi20mm$ 是否合格。

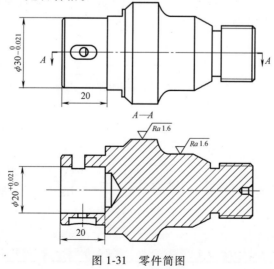

图 1-31 零件简图

🔹【任务分析】

通过分析零件简图可知，该零件$\phi20\text{mm}$的孔是个深孔，尺寸精度要求也较高，用游标卡尺只能测量孔端部的尺寸，测量精度已不能满足这个任务的尺寸精度要求，可以选用精度更高的内径百分表进行测量。

🔹【相关知识】

我国现行的极限与配合国家标准主要有5项，本任务主要根据国家标准 GB/T 1800.1—2020《产品几何技术规范（GPS）极限与配合 第1部分：公差、偏差和配合的基础》、GB/T 1801—2009《产品几何技术规范（GPS）极限与配合 公差带和配合的选择》编写。

1. 配合的术语

在机器装配中，公称尺寸相同且相互结合的孔和轴公差带之间的关系称为配合。配合是指一批孔和轴的装配关系，因此用公差带关系反映较确切。

（1）间隙与过盈 孔的尺寸减去相配合轴的尺寸所得的代数差若为正值，则是间隙，用 X 表示；若此差值为负值，则是过盈，用 Y 表示。

注意：计算结果为代数差，数值前必须要有"+"或"–"号。

（2）配合种类 配合种类有间隙配合、过盈配合和过渡配合，具体内容见表1-11。

表 1-11 配合种类

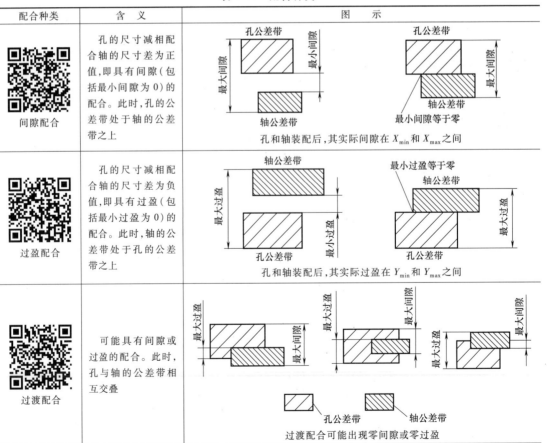

配合种类	含　义	图　示
间隙配合	孔的尺寸减相配合轴的尺寸差为正值，即具有间隙（包括最小间隙为0）的配合。此时，孔的公差带处于轴的公差带之上	孔和轴装配后，其实际间隙在 $X_{\min}$ 和 $X_{\max}$ 之间
过盈配合	孔的尺寸减相配合轴的尺寸差为负值，即具有过盈（包括最小过盈为0）的配合。此时，轴的公差带处于孔的公差带之上	孔和轴装配后，其实际过盈在 $Y_{\min}$ 和 $Y_{\max}$ 之间
过渡配合	可能具有间隙或过盈的配合。此时，孔与轴的公差带相互交叠	过渡配合可能出现零间隙或零过盈

特别提示:

每一类配合都有两个特征值,这两个特征值分别反映该配合的最"松"和最"紧"程度,见表 1-12。

表 1-12 各种配合的特征值

分 类	间隙配合	过盈配合	过渡配合
公式	$X_{max} = ES - ei$ $X_{min} = EI - es$	$Y_{max} = EI - es$ $Y_{min} = ES - ei$	$X_{max} = ES - ei$ $Y_{max} = EI - es$
孔、轴公差带位置关系	孔的公差带处于轴的公差带之上	孔的公差带处于轴的公差带之下	孔、轴公差带相互交叠
特征值	最"松"(X_{max}) 最"紧"(X_{min})	最"松"(Y_{min}) 最"紧"(Y_{max})	最"松"(X_{max}) 最"紧"(Y_{max})

(3)配合公差 配合公差是允许间隙或过盈的变动量,用 T_f 表示。

间隙配合 $T_f = |X_{max} - X_{min}|$

过盈配合 $T_f = |Y_{min} - Y_{max}|$

过渡配合 $T_f = |X_{max} - Y_{max}|$

将最大、最小间隙和过盈分别用孔、轴的极限尺寸或极限偏差代入上式,则得 3 类配合的配合公差的共同式为

$$T_f = T_h + T_s$$

注意:配合公差是没有符号的绝对值。

2. 配合制

(1)基准制的国家标准 国家标准中规定了基孔制和基轴制两种基准制,见表 1-13。

表 1-13 基准制

基准制	含义	特征	图 样
基孔制	基本偏差为一定值的孔的公差带与不同基本偏差的轴的公差带形成各种配合的一种制度	孔称为基准孔,基本偏差代号为"H",基本偏差是下极限偏差,数值为0,其上极限偏差数值由公差等级和公称尺寸确定	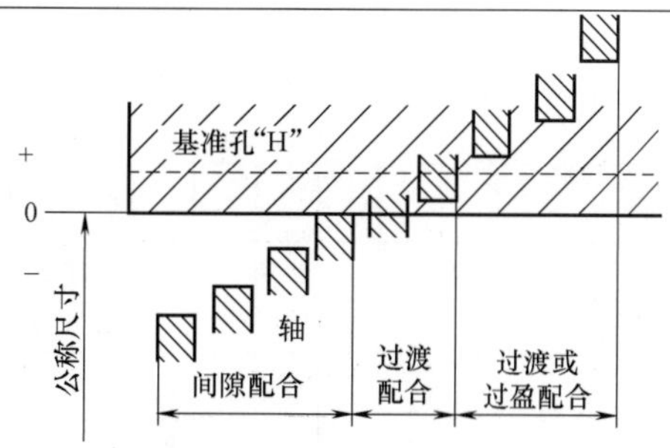
基轴制	基本偏差为一定值的轴的公差带与不同基本偏差的孔的公差带形成各种配合的一种制度	基轴制配合中的轴称为基准轴,基本偏差代号为"h",基本偏差是上极限偏差,数值为0,其下极限偏差数值由公差等级和公称尺寸确定	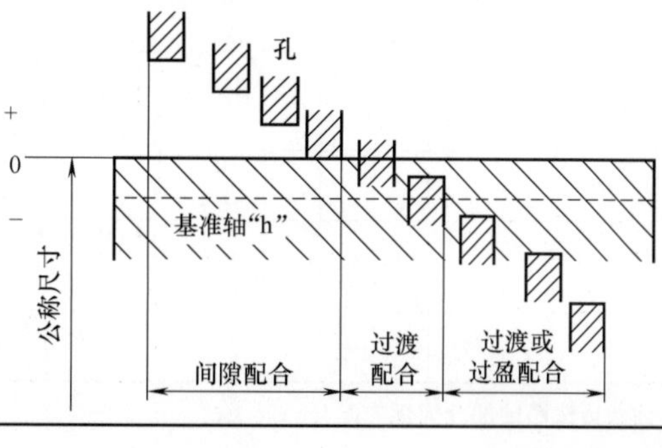

（2）优先、常用配合　国家标准规定的基孔制配合共 59 种，其中，优先配合 13 种，见表 1-14。国家标准规定的基轴制配合共 47 种，见表 1-15。这些配合分别由孔、轴的常用公差带和基准孔、基准轴的公差带组成。

表 1-14　基孔制优先、常用配合

基准孔	轴																				
	a	b	c	d	e	f	g	h	js	k	m	n	p	r	s	t	u	v	x	y	z
	间 隙 配 合								过 渡 配 合				过 盈 配 合								
H6						$\frac{H6}{f5}$	$\frac{H6}{g5}$	$\frac{H6}{h5}$	$\frac{H6}{js5}$	$\frac{H6}{k5}$	$\frac{H6}{m5}$	$\frac{H6}{n5}$	$\frac{H6}{p5}$	$\frac{H6}{r5}$	$\frac{H6}{s5}$	$\frac{H6}{t5}$					
H7						$\frac{H7}{f6}$	$\frac{H7}{g6}$	$\frac{H7}{h6}$	$\frac{H7}{js6}$	$\frac{H7}{k6}$	$\frac{H7}{m6}$	$\frac{H7}{n6}$	$\frac{H7}{p6}$	$\frac{H7}{r6}$	$\frac{H7}{s6}$	$\frac{H7}{t6}$	$\frac{H7}{u6}$	$\frac{H7}{v6}$	$\frac{H7}{x6}$	$\frac{H7}{y6}$	$\frac{H7}{z6}$
H8					$\frac{H8}{e7}$	$\frac{H8}{f7}$	$\frac{H8}{g7}$	$\frac{H8}{h7}$	$\frac{H8}{js7}$	$\frac{H8}{k7}$	$\frac{H8}{m7}$	$\frac{H8}{n7}$	$\frac{H8}{p7}$	$\frac{H8}{r7}$	$\frac{H8}{s7}$	$\frac{H8}{t7}$	$\frac{H8}{u7}$				
H8				$\frac{H8}{d8}$	$\frac{H8}{e8}$	$\frac{H8}{f8}$		$\frac{H8}{h8}$													
H9			$\frac{H9}{c9}$	$\frac{H9}{d9}$	$\frac{H9}{e9}$	$\frac{H9}{f9}$		$\frac{H9}{h9}$													
H10			$\frac{H10}{c10}$	$\frac{H10}{d10}$				$\frac{H10}{h10}$													
H11	$\frac{H11}{a11}$	$\frac{H11}{b11}$	$\frac{H11}{c11}$	$\frac{H11}{d11}$				$\frac{H11}{h11}$													
H12		$\frac{H12}{b12}$						$\frac{H12}{h12}$													

注：1. $\frac{H6}{n5}$、$\frac{H7}{p6}$ 在基本尺寸小于或等于 3mm 和 $\frac{H8}{r7}$ 在公称尺寸小于或等于 100mm 时，为过渡配合。

　　2. 标注▼的配合为优先配合。

小发现：在公差等级较高（公差等级 <IT8）的配合中，孔的公差带通常比轴低一级；在公差等级较低（公差等级 ≥IT8）的配合中，孔、轴应选用同级配合。

表 1-15　基轴制优先、常用配合

基准轴	孔																				
	A	B	C	D	E	F	G	H	JS	K	M	N	P	R	S	T	U	V	X	Y	Z
	间 隙 配 合								过 渡 配 合				过 盈 配 合								
h5						$\frac{F6}{h5}$	$\frac{G6}{h5}$	$\frac{H6}{h5}$	$\frac{JS6}{h5}$	$\frac{K6}{h5}$	$\frac{M6}{h5}$	$\frac{N6}{h5}$	$\frac{P6}{h5}$	$\frac{R6}{h5}$	$\frac{S6}{h5}$	$\frac{T6}{h5}$					
h6						$\frac{F7}{h6}$	$\frac{G7}{h6}$	$\frac{H7}{h6}$	$\frac{JS7}{h6}$	$\frac{K7}{h6}$	$\frac{M7}{h6}$	$\frac{N7}{h6}$	$\frac{P7}{h6}$	$\frac{R7}{h6}$	$\frac{S7}{h6}$	$\frac{T7}{h6}$	$\frac{U7}{h6}$				
h7					$\frac{E8}{h7}$	$\frac{F8}{h7}$		$\frac{H8}{h7}$	$\frac{JS8}{h7}$	$\frac{K8}{h7}$	$\frac{M8}{h7}$	$\frac{N8}{h7}$									
h8				$\frac{D8}{h8}$	$\frac{E8}{h8}$	$\frac{F8}{h8}$		$\frac{H8}{h8}$													
h9				$\frac{D9}{h9}$	$\frac{E9}{h9}$	$\frac{F9}{h9}$		$\frac{H9}{h9}$													
h10				$\frac{D10}{h10}$				$\frac{H10}{h10}$													
h11	$\frac{A11}{h11}$	$\frac{B11}{h11}$	$\frac{C11}{h11}$	$\frac{D11}{h11}$				$\frac{H11}{h11}$													
h12		$\frac{B12}{h12}$						$\frac{H12}{h12}$													

注：标注▼的配合为优先配合。

（3）配合代号　国家标准规定：配合代号用孔、轴公差带代号的组合表示，写成分数形式，分子为孔的公差带代号，分母为轴的公差带代号，如 $\phi50H8/f7$ 或 $\phi50\dfrac{H8}{f7}$。

3. 内径百分表

（1）内径百分表的结构　内径百分表借助于百分表为读数机构、配备杠杆传动系统或楔形传动系统的杆部组合而成，其结构如图 1-32 所示。其一般由百分表、定位装置、活动测头、可换测头、测力弹簧、传动杆、杠杆等几部分组成。

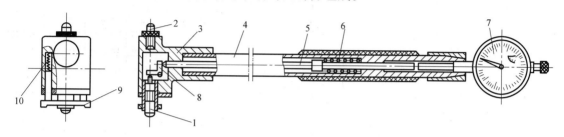

图 1-32　内径百分表的结构

1—活动测头　2—可换测头　3—表架头　4—表架套杆　5—传动杆
6—测力弹簧　7—百分表　8—杠杆　9—定位装置　10—定位弹簧

（2）内径百分表的测量范围　内径百分表活动测头的移动量，小尺寸的只有 0~1mm，大尺寸的可有 0~3mm，它的测量范围是由更换或调整可换测头的长度来达到的。因此，每个内径百分表都附有成套的可换测头。国产内径百分表的分度值为 0.01mm，测量范围有：10~18mm、18~35mm、35~50mm、50~100mm、100~160mm、160~250mm、250~450mm。其主要用于以比较法测量孔径或槽宽、孔或槽的几何误差。

（3）内径百分表的使用和保养

1）测量前：检查表盘及零部件是否完好，并调整零位。注意：内径百分表测量孔径是一种相对的测量方法。测量前应根据被测孔径的尺寸大小，在千分尺或环规上调整好尺寸后才能进行测量，所以在内径百分表上的数值是被测孔径尺寸与调零尺寸之差。

2）测量时：一手握住上端手柄，另一手握住下端活动测头，倾斜一个角度，把测头放入被测孔内，然后握住上端手柄，左右摆动表架，找出表的最小读数值，即为"拐点"值；该点的读数值就是被测孔径与调零孔径之差。要注意测量杆的中心线应与零件中心线平行，不得歪斜；不要使活动测头受到剧烈振动，如图 1-33 所示。

3）测量完毕：取下百分表，使表卸除其所有负荷，让测量杆处于自由状态，把百分表和可换测头取下擦净，成套保存于盒内，避免丢失与混用。注意：远离液体，不使切削液、水或油与内径百分表接触；禁止在零件上有液体的情况下进行测量。

（4）内径百分表的刻线原理和读数　表面刻度盘上共有 100 个等分格，当测量杆向上或向下移动 1mm 时，通过齿轮传动系统带动大指针转一圈，同时小指针转一格，小指针每转一格读数为 1mm（图 1-34）。当大指针转 1 格时，量杆移动的距离为

$$L = 1 \times 1/100\,\text{mm} = 0.01\,\text{mm}$$

读数：先读小指针转过的刻度线（即毫米整数），再读大指针转过的刻度线（即小数部分），并乘以 0.01，然后两者相加，即得到所测量的数值。

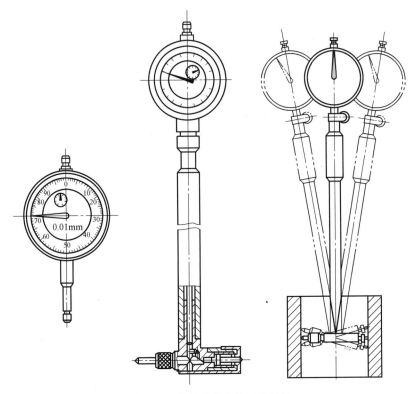

图 1-33 内径百分表的正确操作

注意：小指针顺时针方向旋转为增大，逆时针方向旋转为减小；大指针顺时针方向旋转为减小，逆时针方向旋转为增大。

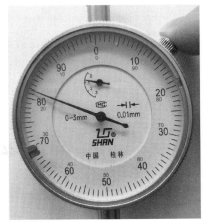

图 1-34 百分表的读数

【任务实施】

1. 检测零件

检测孔径的测量步骤及说明见表 1-16。

表 1-16 检测孔径的测量步骤及说明

测量步骤	测 量 说 明
1. 组装内径百分表	根据零件简图中被测孔的公称尺寸,选择合适的可换测头,将可换测头装在表架头上并用螺母固定,使其尺寸比公称尺寸大 0.5mm 左右,可用游标卡尺测量测头间的大致距离 将百分表装入量杆,并使百分表预压 0.2~0.5mm,即指针偏转 20~50 小格,拧紧百分表的紧定螺母 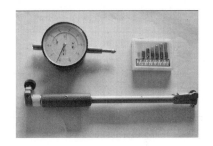
2. 校对零位	将外径千分尺调节至被测孔的公称尺寸,并锁紧外径千分尺。然后把内径百分表测头置于外径千分尺的两测量面间,找到最小值,把百分表指针调到零位 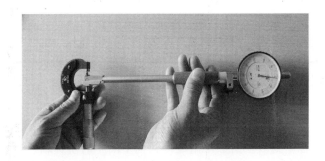
3. 测量孔径	将调整好的内径百分表测头插入被测孔内,使测头沿着孔壁的两个垂直方向轻微摆动,以便找到读数的拐点(即最小值)。沿孔的轴线方向测量几个截面,每个截面要等分测量 3~4 个数值,并且找到每一点的最小读数,记下所有读数 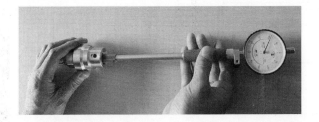

2. 评定检测结果

根据测量结果填写检测报告单（表1-17），判断孔的合格性。

表 1-17 检测报告单

方向	百分表示值/μm	实际尺寸/mm	合格性判定
1			
2			
3			
4			

【知识拓展】

1. 极限与配合的选择

极限与配合的选用是机械设计和制造的重要环节，对机器的使用性能、制造成本、生产效率及使用寿命有直接影响。其主要内容包括基准制的选择、公差等级的选择和配合种类的选择。

（1）优先选用基孔制　一般情况下优先选用基孔制。从工艺角度看，加工孔比加工轴困难一些，从经济性来考虑，加工轴可以减少刀具、量具的规格和数量，因此采用基孔制经济性较好。基轴制常用于有些零件由于结构或工艺上的原因不易采用基孔制的场合。例如，活塞销与连杆衬套、活塞销孔之间的配合采用基轴制，如图1-35所示。从使用要求看，活塞销与连杆衬套应为间隙配合，而活塞销与活塞销孔的配合应为过渡配合。从工艺角度看，若采用基孔制配合，则活塞销必须做成两头大中间小的阶梯轴，这样既不利于加工，又不利于装配；若采用基轴制配合，则将活塞销制成光轴即可，这样既方便加工，又便于装配，较经济。

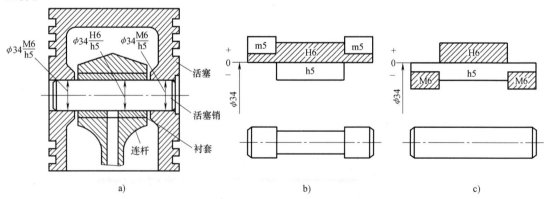

图 1-35 活塞销配合基准制的选择

a）装配图　b）基孔制配合　c）基轴制配合

（2）公差等级的选择 选择公差等级的目的是解决零件的使用性能要求与制造成本之间的矛盾。

1）选择原则：在满足使用要求的前提下，尽量选用较低的公差等级。

2）选择方法：公差等级的选择通常采用类比法，即参考经过实践证明是合理的典型产品的公差等级，结合待定零件的配合、工艺和结构等特点，经分析对比后确定公差等级。表1-18列出了公差等级的主要应用。

表1-18 公差等级的主要应用

公差等级	主要应用
IT01、IT1	一般用于精密标准量块。IT1也用于检验IT6、IT7级轴用量规的校对量规
IT2、IT3	用于检验IT5、IT6级量规的尺寸公差
IT3～IT5 （孔为IT6）	用于精度要求很高的重要配合 配合公差很小，对加工要求很高，应用较少
IT6 （孔为IT7）	用于机床、发动机和仪表中的重要配合 配合公差很小，一般通过精密加工即能够实现，在精密机械中应用广泛
IT7、IT8	用于机床和发动机中不重要的配合，也用于重型机械、农业机械、机车车辆等的重要配合 配合公差中等，加工易于实现，在一般机械中应用广泛
IT9、IT10	用于一般要求或长度精度要求较高的配合
IT11、IT12	用于没有严格要求，只要求连接配合，如螺栓与螺母的配合

（3）配合的选择 配合的选择是在确定了基准制的基础上，根据使用要求选择配合类型，进而确定非基准件基本偏差代号的过程。

1）选择配合类型：应根据零件的使用要求来确定是选择间隙配合、过盈配合还是过渡配合。表1-19列出了配合类型选择的依据。

2）确定基本偏差的方法通常有三种：实验法、计算法、类比法。类比法是应用最广泛的方法，即参照经过生产实践验证的配合实例，再结合所设计零件的使用要求和应用条件来确定基本偏差。表1-20列出了尺寸至500mm优先配合的特征及应用，供选用配合时参考。

表1-19 配合类型选择的依据

		永久结合		较大过盈的过盈配合
无相对运动	要传递转矩	可拆结合	要求精确同轴	较小过盈配合、过渡配合或基本偏差为H(h)的间隙配合加紧固件
			不需精确同轴	间隙配合加紧固件
	不需传递转矩，要精确同轴			过渡配合或小过盈配合
	只有移动			基本偏差为H(h)、G(g)的间隙配合
有相对运动	转动或转动和移动复合运动			基本偏差为A～F(a～f)的间隙配合

表1-20 尺寸至500mm优先配合的特征及应用

优先配合		配合特性及应用
基孔制	基轴制	
H11/c11	C11/h11	间隙非常大，用于很松、转动很慢的间隙配合，或用于装配方便、很松的配合
H9/d9	D9/h9	间隙很大的自由转动配合，用于精度为非主要要求时，或有大的温度变化、高转速或大的轴颈压力时
H8/f7	F8/h7	间隙不大的转动配合，用于中等转速与中等轴颈压力的精确转动，也用于装配较容易的中等定位配合

（续）

优先配合		配合特性及应用
基孔制	基轴制	
H7/g6	G7/h6	间隙很小的滑动配合,用于不希望自由转动,但可自由移动和滑动。精密定位时,也可用于要求明确的定位配合
H7/h6、H8/h7、H9/h9	H7/h6、H8/h7、H9/h9	均为间隙定位配合,零件可自由装拆,工作时一般相对静止不动,在最大实体条件下的间隙为零,在最小实体条件下的间隙由标准公差等级决定
H7/k6	K7/h6	过渡配合,用于精密定位
H7/n6	N7/h6	过渡配合,用于允许有较大过盈的更精密定位
H7/p6	P7/h6	过盈定位配合,即小过盈配合,用于定位精度特别重要时,能以最好的定位精度达到部件的刚性及对中性要求
H7/s6	S7/h6	中等压入配合,适用于一般钢件,也用于薄壁件的冷缩配合。用于铸铁件可得到最紧的配合
H7/u6	U7/h6	压入配合,适用于可以承受高压入力的零件,或不宜承受大压入力的冷缩配合

2. 常用机械式量仪

常用机械式量仪还有百分表、杠杆百分表和杠杆千分尺,其结构及特点见表 1-21。

表 1-21　常用机械式量仪

名称	图例	特点
百分表	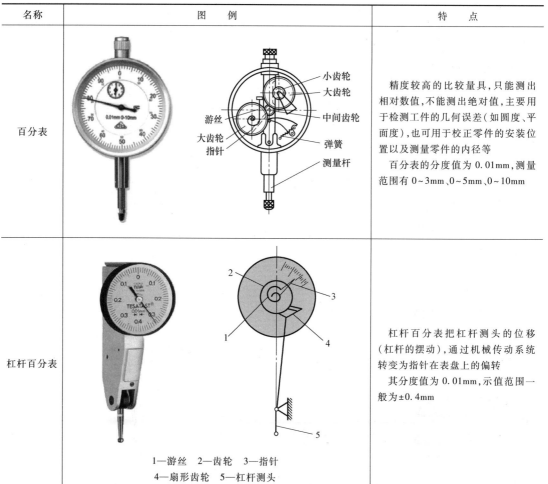 小齿轮　大齿轮　中间齿轮　游丝　大齿轮　指针　弹簧　测量杆	精度较高的比较量具,只能测出相对数值,不能测出绝对值,主要用于检测工件的几何误差(如圆度、平面度),也可用于校正零件的安装位置以及测量零件的内径等　　百分表的分度值为 0.01mm,测量范围有 0~3mm、0~5mm、0~10mm
杠杆百分表	2 3 1 4 5 1—游丝　2—齿轮　3—指针 4—扇形齿轮　5—杠杆测头	杠杆百分表把杠杆测头的位移(杠杆的摆动),通过机械传动系统转变为指针在表盘上的偏转　　其分度值为 0.01mm,示值范围一般为 ±0.4mm

（续）

名称	图　例	特　点
杠杆千分尺	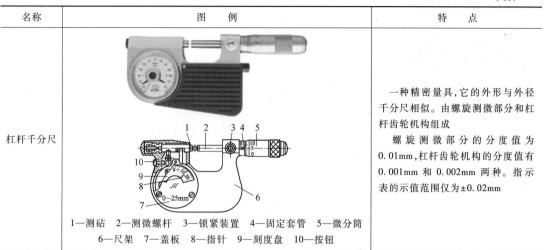 1—测砧　2—测微螺杆　3—锁紧装置　4—固定套管　5—微分筒 6—尺架　7—盖板　8—指针　9—刻度盘　10—按钮	一种精密量具,它的外形与外径千分尺相似。由螺旋测微部分和杠杆齿轮机构组成 　螺旋测微部分的分度值为0.01mm,杠杆齿轮机构的分度值有0.001mm 和 0.002mm 两种。指示表的示值范围仅为±0.02mm

【工程实例】直通车 1:

　　这个视频主要介绍计算查表法尺寸精度设计实例分析。

　　手机微信扫描右侧二维码来观看学习吧。

【练习与思考】

1. 基准孔 $\phi40H7$ 与基准轴 $\phi40h6$ 组成什么类型的配合？画出其配合公差带图。

2. 判定下列配合的基准制

（1）$\phi60H7/h6$　　（2）$\phi50P8/h7$　　（3）$\phi30H10/js10$

3. 查表确定 $\phi20H7/p6$ 和 $\phi20P7/h6$ 的孔和轴的极限偏差，计算极限盈隙，画出公差带图。

4. 公称尺寸为 $\phi32mm$ 的孔与轴是基轴制配合，其配合公差为 0.064mm，轴的下极限偏差为-0.025mm，孔的上极限尺寸为 $\phi31.957mm$。

1）写出孔、轴的标注形式。

2）是轴的精度高，还是孔的精度高？

3）画出公差带图，判断配合性质并计算该配合的极限盈隙。

5. 为什么孔与轴配合应优先选用基孔制？什么情况下应采用基轴制？

任务四　用光滑极限量规检测孔和轴

【知识目标】

1. 了解光滑极限量规的特点、作用和种类。

2. 理解光滑极限量规的检测原理。

3. 熟悉光滑极限量规的设计方法与加工要求。

【技能目标】

掌握光滑极限量规的使用方法。

【素养目标】

通过学习使用量规，培养学生分析和解决具体工程问题的能力，提高创新意识。

【任务描述】

图 1-36 所示是工厂正在大批量生产的轴套的零件图。要求方便、快捷地检测轴套是否符合技术要求。

【任务分析】

光滑零件尺寸的检测方法有两种：一是测量，采用通用量具测出零件的实际尺寸，从而判断零件的合格性；二是检验，采用光滑极限量规确定被测零件是否在规定的尺寸范围内，从而判定零件是否合格。光滑极限量规由于结构简单、使用方便、检测效率高、省时可靠，并能保证互换性，所以在生产中得到了广泛的应用，特别适用于大批量生产的场合。

从图 1-36 可知，零件的尺寸公差与几何公差遵守相关原则，且大批量生产，适宜采用光滑极限量规检验。

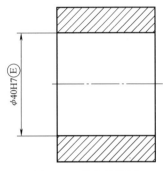

图 1-36　轴套零件图

【相关知识】

本内容主要依据我国现行的光滑极限量规标准编写，即 GB/T 1957—2006《光滑极限量规　技术条件》和 GB/T 10920—2008《螺纹量规和光滑极限量规　型式与尺寸》。

1. 光滑极限量规

光滑极限量规（图 1-37）是一种没有刻度的专用计量器具。用它检验零件时，不能测出零件上提取组成要素的局部尺寸的具体数字，只能确定零件的提取组成要素的局部尺寸是否在规定的两个极限尺寸范围内。因此，光滑极限量规是成对使用的，一端是通规，通规按工件的最大实体尺寸制造，代号为 T；另一端是止规，止规按工件的最小实体尺寸制造，代号为 Z。检验时，若通端能通过且止端不能通过，则该零件的实际尺寸在规定的极限尺寸范围内，可判定为合格品。

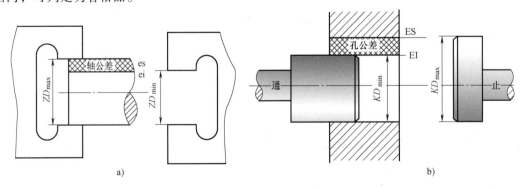

图 1-37　光滑极限量规

a）卡规　b）塞规

量规按检验对象的不同分为塞规和卡规，塞规用于检验孔，卡规用于检验轴。标准规定光滑极限量规用于检验公称尺寸小于或等于500mm，公差等级为IT6～IT16的轴和孔。

2. 量规的种类

（1）工作量规　在零件制造过程中，工人用来检验工件的量规。在检验时，操作者应该使用新的或磨损较少的量规。

（2）验收量规　检验部门或用户代表验收产品时使用的量规。检验部门或用户应使用磨损较多但未超出磨损极限的量规。

（3）校对量规　用来检验在制造和使用过程中轴用工作量规的量规。工作量规在制造和使用过程中会变形、磨损，因此要定期对其进行校对。轴用量规采用通用的量具或量仪检验较困难，需要制造专用的校对量规。孔用量规采用通用的量具或量仪检验较方便，故未规定校对量规。量规的代号和使用规则见表1-22。

表1-22　量规的代号和使用规则

名　称	代号	使用规则
通端工作环规	T	通端工作环规应通过轴的全长
"校通-通"塞规	TT	"校通-通"塞规的整个长度都应进入新制的通端工作环规内，且应在孔的全长上进行检验
"校通-损"塞规	TS	"校通-损"塞规不应进入完全磨损的校对工作环规孔内，若有可能，则应在孔的两端进行检验
止端工作环规	Z	沿着和环绕不少于四个位置进行检验
"校止-通"塞规	ZT	"校止-通"塞规的整个长度都应进入制造的通端工作环规孔内，且应在孔的全长上进行检验
通端工作塞规	T	通端工作塞规的整个长度都应进入孔内，且应在孔的全长上进行检验
止端工作塞规	Z	止端工作塞规不应通过孔内，若有可能，则应在孔的两端进行检验

3. 工作量规的设计

（1）工作量规的公差带　量规是专用检验工具，其制造精度比被检零件的精度高，但在制造过程中不可避免地会产生误差，因此对量规也要规定制造公差。

在使用过程中，通规经常通过零件，会逐渐磨损。为使通规具有一定的使用寿命，通规的公差带应从轴的上极限尺寸（或孔的下极限尺寸）向零件公差带内缩一段距离；止规不通过零件，故止规公差带紧靠在轴的下极限尺寸（或孔的上极限尺寸）线上。工作量规的公差带图如图1-38所示。图中，T为工作量规的尺寸公差，Z为通端位置要素值，T和Z的取值取决于零件的制造公差。工作量规公差T和通端位置要素值Z见表1-23。

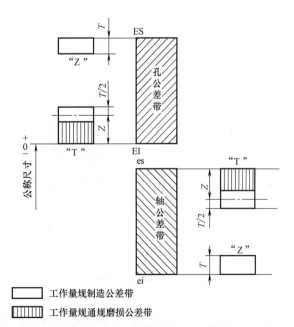

图1-38　工作量规的公差带图

表 1-23　工作量规公差 *T* 和通端位置要素值 *Z*　　　　　（单位：μm）

工件公称尺寸/mm	IT6			IT7			IT8			IT9			IT10		
	孔或轴的公差值	*T*	*Z*	孔或轴的公差值	*T*	*Z*	孔或轴的公差值	*T*	*Z*	孔或轴的公差值	*T*	*Z*	孔或轴的公差值	*T*	*Z*
≤3	6	1	1	10	1.2	1.6	14	1.6	2	25	2	3	40	2.4	4
>3~6	8	1.2	1.4	12	1.4	2	18	2	2.6	30	2.4	4	48	3	5
>6~10	9	1.4	1.6	15	1.8	2.4	22	2.4	3.2	36	2.8	5	58	3.6	6
>10~18	11	1.6	2	18	2	2.8	27	2.8	4	43	3.4	6	70	4	8
>18~30	13	2	2.4	21	2.4	3.4	33	3.4	5	52	4	7	84	5	9
>30~50	16	2.4	2.8	25	3	4	39	4	6	62	5	8	100	6	11
>50~80	19	2.8	3.4	30	3.6	4.6	46	4.6	7	74	6	9	120	7	13
>80~120	22	3.2	3.8	35	4.2	5.4	54	5.4	8	87	7	10	140	8	15
>120~180	25	3.8	4.4	40	4.8	6	63	6	9	100	8	12	160	9	18
>180~250	29	4.4	5	46	5.4	7	72	7	10	115	9	14	185	10	20
>250~315	32	4.8	5.6	52	6	8	81	8	11	130	10	16	210	12	22
>315~400	36	5.4	6.2	57	7	9	89	9	12	140	11	18	230	14	25
>400~500	40	6	7	63	8	10	97	10	14	155	12	20	250	16	28

（2）工作量规的结构　工作量规的结构见表 1-24。

表 1-24　工作量规的结构

名称	图例	用途
轴用量规 （环规和卡规）		环规一般用于检测直径小于 100mm 的轴 卡规一般用于检测直径大于或等于 100mm 的轴
孔用量规		双头套式圆柱塞规一般用于检测直径为 50~80mm 的孔 针式塞规一般用于检测直径小于 6mm 的孔

（3）工作量规的技术要求

1）材料：量规测量面的材料要求稳定、耐磨损、线胀系数小。因此，孔用塞规常用材料为 T10A、T12A，轴用卡规常用材料为 15 钢或 20 钢（渗碳）及硬质合金等。经热处理后，塞规测量面的硬度为 60~63HRC，卡规测量面的硬度大于 58HRC。

2）几何公差：工作量规的几何公差小于或等于尺寸公差的 1/2。

3）表面结构要求：工作量规的表面结构要求见表 1-25。

表 1-25 工作量规的表面结构要求

工作量规	工作量规的公称尺寸/mm		
	≤120	>120~315	>315~500
	工作量规测量面的表面粗糙度 Ra 值/μm		
IT6 孔用工作塞规	0.05	0.10	0.20
IT7~IT9 孔用工作塞规	0.10	0.20	0.40
IT10~IT12 孔用工作塞规	0.20	0.40	0.80
IT13~IT16 孔用工作塞规	0.40	0.80	0.80
IT6~IT9 轴用工作环规	0.10	0.20	0.40
IT10~IT12 轴用工作环规	0.20	0.40	0.80
IT13~IT16 轴用工作环规	0.40	0.80	0.80

4）其他要求：工作量规的测量表面不应有锈迹、毛刺、黑斑、划痕等影响外观和使用质量的缺陷。

4. 量规的使用和保养

（1）测量前　核对量规的标记与零件图样是否一致，以免错用；检查量规表面有无缺陷，避免划伤零件，影响检验结果。

（2）测量时　量规是一种较精密的量具，所以在测量时需轻拿轻放，不能硬塞、硬卡，以免量规和零件变形。检验时，由于零件有形变，因此只有在零件的不同部位多次测量，才能做出正确判定。

（3）测量完毕　要将量规擦干净，涂防锈油，平稳地放在工具箱内。

【任务实施】

1. 检测零件

1）应根据零件尺寸公差选用或加工量规（图 1-39），并检查量规表面有无毛刺、划痕、锈迹等。

2）用塞规检测孔。当用塞规的通端检测零件时，应将零件（孔）水平放置，手持塞规的手柄部位，一般不施加任何外力，让塞规在自身重力的作用下轻轻滑进孔里并通过孔的全长；或将零件（孔）垂直放置，用手稍微施加一点外力将塞规送进孔里。

图 1-39　孔用塞规

当用塞规的止端检测零件时，手持止规，在不施加很大力时，止规应不能进入孔内。如果有可能，那么孔的两端都应检测。

3）用卡规检测轴。当用卡规检测水平放置的零件时，凭借卡规自身的重量，通端应能通过轴，止端应通不过。在检测时，应沿圆周在至少四个方向和位置上进行检测。

2. 评定检测结果

当用量规检测零件时，如果通规能通过，止规不能通过，那么该零件为合格品。通规通过是指通规在任何方向都能进入并通过零件；止规不能通过是指止规既不能进入又不能通过零件，若止规有部分进入零件（或被进入），则应判为不合格。将检测结果填入轴套的检测报告单（表 1-26）中，并与图样要求进行比较。

表 1-26　轴套的检测报告单

零件	通规	止规	合格性判定
$\phi40H7$			

【知识拓展】

1. 螺纹量规

螺纹量规是用于综合检测内、外螺纹的量具。螺纹量规分为检验外螺纹用的螺纹环规（图 1-40a），检验内螺纹用的螺纹塞规（图 1-40b）。

螺纹环规是综合检测外螺纹的量规，包括通规和止规，标有"GO"或"T"字母的为通规，标有"NOGO"或"Z"字母的为止规。

螺纹塞规是综合检测内螺纹的量规，通规具有完整的牙型，止规只做几个牙（图 1-40b）。

螺纹量规通端能旋合通过被检螺纹，螺纹量规止端不能旋合通过被检螺纹，则被检螺纹合格，反之为不合格。

a)　　　　　　　　　　　　　　　　　b)

图 1-40　螺纹量规

2. 圆锥量规

圆锥量规是具有标准光滑锥面，能反映被检验内（外）锥体边界条件的锥度定性测量器具，属于角度测量器具。常用的圆锥量规有公制圆锥量规和莫氏圆锥量规（GB/T 11853—2003）两种，如图 1-41 所示。

图 1-41　圆锥量规

【练习与思考】

1. 计算图 1-39 中孔用塞规工作部分的尺寸，并选用量规的形式。

2. 量规的通规除制造公差外，为什么规定允许的最小磨损量与磨损极限？

3. 要检测尺寸为 $\phi40f7$ 的零件，试计算光滑极限量规的工作尺寸和磨损极限尺寸，并绘制光滑极限量规的公差带图。

【素养教育】直通车 2：
　　卡尺史话——我国古代的计量器具与应用，进行爱国主义、民族自豪感、创新精神及工匠精神教育。

项目二

零件几何误差的检测

【项目描述】

本项目主要通过零件的几何误差检测任务，讲述几何公差、公差带等基本知识和几何误差的检测、数据处理方法，掌握一般零件常用几何误差的检测原理和检测技能。

在机械制造中，由于机床精度、零件的装夹精度和加工过程中的变形等多种因素的影响，加工后的零件不仅会产生尺寸误差，还会产生几何误差，即零件表面、中心线等的实际形状和位置偏离设计所要求的理想形状和位置，从而产生误差。零件的几何误差同样会影响零件的使用性能和互换性，如机床导轨面不平直会直接影响机床的运动精度。因此，零件图上除了规定尺寸公差来限制尺寸误差外，还规定了几何公差来限制几何误差，以满足零件的功能要求。

几何公差分为形状公差、方向公差、位置公差和跳动公差。

任务一　零件直线度误差的检测

【知识目标】

1. 理解几何公差相关的各种要素的定义及特点。
2. 熟悉形状公差项目的名称及符号。
3. 熟悉几何公差代号和基准符号的组成，掌握几何公差的标注方法。
4. 理解直线度公差的含义。
5. 了解自准直仪的工作原理。

【技能目标】

1. 掌握用自准直仪测量直线度误差的方法。
2. 熟悉直线度误差的评定方法。

【素养目标】

结合几何误差的检测过程，使学生增长知识和见识，体会科学精神，认识事物发展一般规律；学习辩证思维方法，树立正确的人生观、价值观；逐立建立分析解决工程问题的全局观、讲求实效的工程观，培养严谨认真，精益求精的工匠精神。

【任务描述】

图 2-1 中的符号 ─ $\phi0.01$ 表示直线度公差，是形状公差的一种，用来限制被测实际直线对理想直线的变动量。

图 2-2 所示是轴的实物图。轴在加工后，必须通过检测，根据测得的直线度误差是否在其公差范围内，来判断其是否达到技术要求。

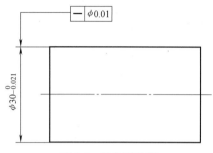

图 2-1 轴的零件图

图 2-2 轴的实物图

【任务分析】

轴的使用要求是必须满足的。在轴与孔配合时，如果轴的素线存在较大的弯曲，那么就不可能满足配合要求，其至无法装配。为确保产品的互换性要求，需要对轴进行检测。

图 2-1 中，符号"─"表示直线度公差，"0.01mm"表示公差带的大小。要求能根据零件不同的直线度要求和公差带大小采用不同的检测方法，并确定检测方案。

【相关知识】

我国现行几何公差标准为 GB/T 1182—2018《产品几何技术规范（GPS） 几何公差 形状、方向、位置和跳动公差标注》。它规定了工件几何公差（形状、方向、位置和跳动公差）标注的基本要求和方法。该标准等同于 ISO 1101：2004。

1. 零件的几何要素

零件不论其结构特征如何，都是由一些简单的点、线、面组成的，这些点、线、面统称为几何要素，简称要素。零件的几何要素可以按照以下几种方式分类：

（1）按几何特征分类

1）组成要素：构成零件外形的点、线、面，如图 2-3 所示的球面、素线、端平面、圆锥面和圆柱面等。

2）导出要素：轮廓要素对称中心所表示的点、线、面，如图 2-3 所示的球心、轴线等。

（2）按存在的状态分类

1）理想要素：具有几何学意义上的

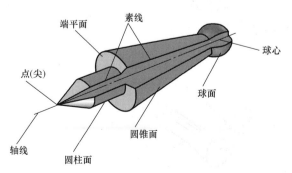

图 2-3 零件的几何要素

要素。零件图上表示的要素均为理想要素。

2）实际要素：零件上实际存在的要素，有误差，通常以测得要素代替实际要素（图 2-4）。

（3）按检测关系分类

1）被测要素：图样上给出了形状或位置公差要求，需要研究和测量的要素。

2）基准要素：图样上规定用来确定被测要素的方向或位置的要素，如图 2-5 所示。

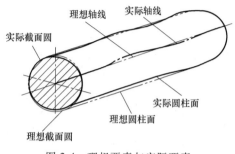

图 2-4　理想要素与实际要素

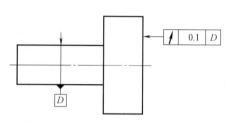

图 2-5　被测要素与基准要素

（4）按功能要求分类

1）单一要素：对要素本身提出形状公差要求的被测要素。

2）关联要素：相对基准要素有方向或（和）位置功能要求而给出位置公差要求的被测要素，如图 2-6 所示。

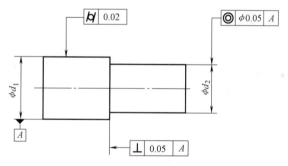

图 2-6　单一要素与关联要素

2. 形状误差与形状公差

（1）形状误差　形状误差是被测实际要素在形状上对其理想要素的变动量，如图 2-7 所示。

（2）形状公差　形状公差是被测实际要素在形状上相对于理想要素所允许的变动全量，如图 2-8 所示。

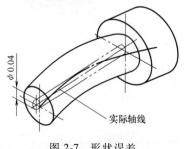

图 2-7　形状误差

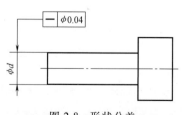

图 2-8　形状公差

3. 形状公差的项目

形状公差的项目见表 2-1。

表 2-1　形状公差的项目

项　目	符　号	有无基准要求
直线度	—	无
平面度	▱	无
圆度	○	无
圆柱度	⌀	无
线轮廓度	⌒	无
面轮廓度	◠	无

4. 形状公差附加符号

形状公差附加符号见表 2-2。

表 2-2　形状公差附加符号

举　例	符　号	含　义
— t(−)	(−)	只允许中间向材料内凹下
▱ t(+)	(+)	只允许中间向材料外凸起
⌀ t(▷)	(▷)	只允许从左至右减小
⌀ t(◁)	(◁)	只允许从右至左减小

5. 指引线的规定

指引线由细实线和箭头组成，用来连接公差框格与被测要素。指引线一般从框格两端的中间引出，与框格端线垂直。指引线可以弯折，但不应多于两次。

当公差涉及组成要素（如表面）时，将箭头置于要素的轮廓线或轮廓线的延长线上，并与尺寸线明显错开，如图 2-9 所示。

当公差涉及中心要素（如轴线、中间平面或尺寸要素确定的点）时，则带箭头的指引线应与尺寸线的延长线重合，如图 2-10 所示。

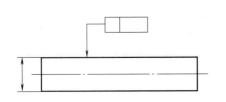

图 2-9　被测要素为圆柱面

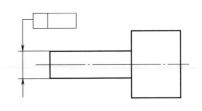

图 2-10　被测要素为轴线

6. 直线度公差

直线度是限制被测实际直线对理想直线变动量的一项指标，用来保证零件上相关直线的形状精度。直线度公差的示例见表 2-3。

表 2-3　直线度公差的示例

公差	示例	识读	公差带
直线度	给定方向上的直线度 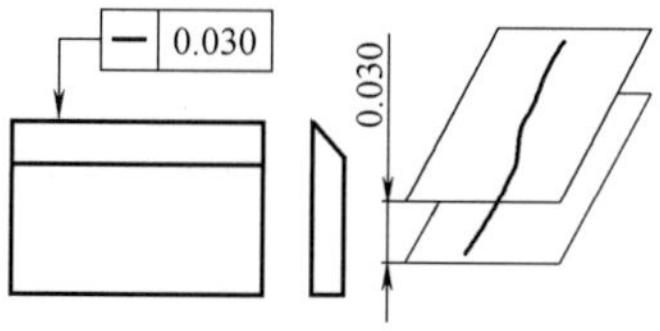	竖直方向上棱线的直线度公差为 0.030mm	零件上棱线必须位于水平方向距离为公差值的两平行平面内
	任意方向上的直线度 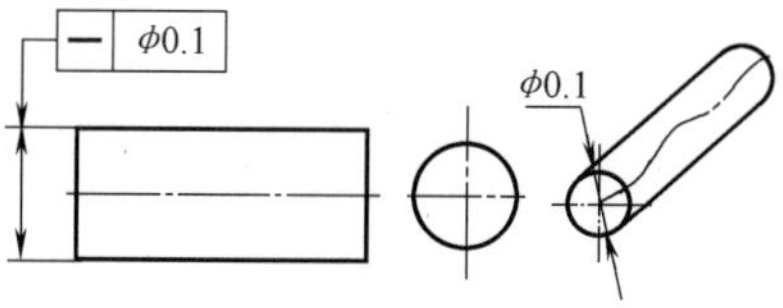 	圆柱面轴线在任意方向上的直线度公差为 $\phi0.1$mm。被测直线在围绕其一周范围内的任一方向上都有直线度要求	被测圆柱的轴线必须位于直径为公差值的圆柱面内，在标注时公差值前必须加注"ϕ"
	在给定平面内的直线度 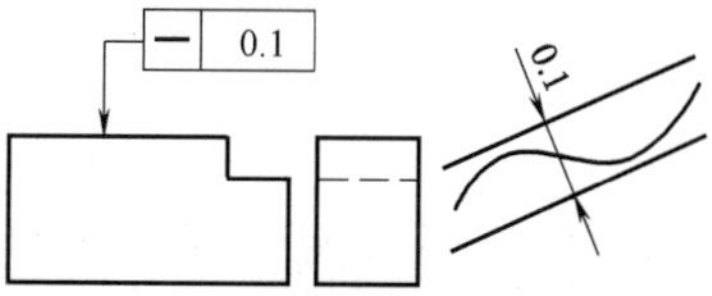	被测表面的各条素线直线度公差为 0.1mm	被测要素的素线必须位于平行于图样上所示投影面且距离为公差值的两平行直线之间

7. 形状误差的评定准则

形状误差是被测实际要素对其理想要素的变动量。评定时，国家标准统一规定：理想要素的确定应符合最小条件，即被测实际要素对于理想要素的最大变动量为最小。具体来说：

1) 对于组成要素（线、面轮廓度除外），其符合最小条件的理想要素应处于实体之外且与被测要素相接触，并使被测实际要素对其理想要素的最大变动量为最小，如图 2-11 所示。

2) 对于导出要素（轴线、中心线、中间平面等），其符合最小条件的理想要素应位于被测实际要素之中，并使被测实际要素对其理想要素的最大变动量为最小，如图 2-12 所示。

评定误差大小时，根据国家标准，采用最小包容区域法（简称最小区域法）。最小区域法是评定几何误差最权威的方法。最小区域（形状同公差项目的形状，并将被测实际要素包容且最小）的宽度或直径即为被测要素的几何误差值。

此时，对被测实际要素评定的误差相比其他方法为最小，便于业内统一；同时，在保证几何精度方面，最小区域法的要求也最为严格。

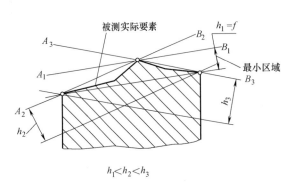

图 2-11　素线直线度误差的最小区域

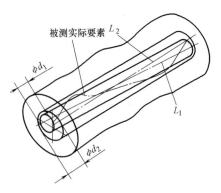

图 2-12　轴线直线度误差的最小区域

【任务实施】

1. 打表法检测轴线的直线度误差（图 2-13）

1）将被测零件装夹在偏摆仪的两顶尖之间。

2）在支架上装上两个测头相对的百分表（或杠杆百分表），使两个百分表的两个测头在铅垂轴截面内。

3）沿铅垂轴截面的两条素线测量，记录两百分表（或杠杆百分表）在各自测点的读数。

4）计算各测点读数差的 1/2，取其中最大的误差值作为该截面轴线的直线度误差。

5）在若干条素线上测量若干截面，取其中的最大误差作为该被测零件轴线的直线度误差。

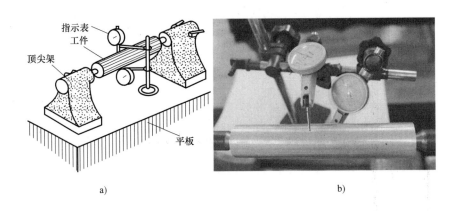

a)　　　　　　　　　　　　　　　　　　b)

图 2-13　打表法检测轴线的直线度误差

a）测量示意图　b）实测图

2. 评定检测结果

完成检测，将检测结果填写在直线度误差的检测报告单（表 2-4）中，并做出合格性判定。

表 2-4　直线度误差的检测报告单

检测项目		ϕ30mm 圆柱轴线的直线度误差
实测数据	1	
	2	
	3	
	4	
最大误差		
结论		

注意事项：在检测中常常发生百分表选择不当的情况，导致影响测量精度，造成浪费。在实际检测时，应按照零件的形状和精度要求，选用合适的百分表检测；若被测零件的几何公差值小于 0.01mm，则用千分表检测。

【知识拓展】

1. 刀口形直尺

刀口形直尺主要用于光隙法或涂色法检测精密平面的直线度和平面度，如图 2-14 所示。

光隙颜色与间隙的关系为：当不透光时，间隙小于 0.5μm；当为蓝色时，间隙约为 0.8μm；当为红蓝色时，间隙为 1.25～1.75μm；当为白色（日光色）时，间隙约为 2.5μm。

2. 用刀口形直尺检测直线度

适用范围：磨削或研磨加工的小平面及短圆柱件。

测量过程：先将刀口形直尺与实际被测直线接触，再调整刀口形直尺使最大光隙为最小，最后根据光隙的大小确定直线度误差，如图 2-15 所示。

图 2-14　刀口形直尺

图 2-15　用刀口形直尺检测直线度

3. 自准直仪

（1）自准直仪的结构　自准直仪是应用光学自准直成像测微原理工作的高精度测试仪器，常用于测量导轨的直线度、平板的平面度（这时称为平面度测量仪）等，也可借助转向棱镜附件测量垂直度等。

自准直仪（图 2-16）一般由体外反射镜、物镜光管部件、测微目镜部件组成。

（2）使用自准直仪的注意事项

1）仪器及被测量零件应放在较稳定的工作台上。工作环境应力求温度恒定，被测件与仪器中间不得有抖动的气流，如通风口、暖气片、电烙铁、台灯、人体温度等，应尽量避免其影响。

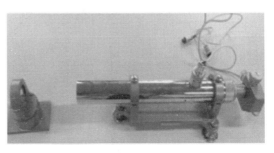

图 2-16　自准直仪

2）观察表面镀反射膜的反射镜自准像应选择小功率灯泡，观察表面未镀反射膜的光学零件（如平行平板、棱镜等）的自准像则应选择功率大的灯泡，该仪器可使用 6V5W 以下的小灯泡。

3）在可能的情况下，多次瞄准每一个自准像取读取的平均值进行计算，可降低瞄准误差，提高仪器精度（一般取 3~5 次）。

（3）自准直仪的维护和保养

1）该仪器是精密光学仪器，应该由专人保管。使用者应了解仪器的原理、性能及使用方法。使用存放应十分小心，防止碰撞及振动，保持工作环境的清洁及温度稳定。

2）仪器出厂时各部分均保证了良好的性能，除可调部分，一般不能随意拆开调整。若发生故障应由有经验的人检修或送回制造厂家检修。

3）切忌手摸镜头及目镜外露玻璃部分，应尽量少擦。若有灰尘可用软毛刷轻轻扫掉。若有印迹可用脱脂棉或镜头纸蘸少量的酒精乙醚的混合物或丙酮等进行擦拭。

4）镜管及其他外露表面可用溶剂汽油清除干净。仪器使用之后应盖上护盖，若长时间不用应装入箱内并放平于干燥、温度适当之处进行保管。

（4）使用自准直仪检测直线度误差的操作步骤（图 2-17）

1）将仪器主体放置在被测件的一端或被测件以外稳固的基座上，反射镜座放在被测件上，并且要与仪器主体在同一水平面内。

2）接通电源后，将反射镜座靠近自准直仪的主体，使反射镜正对物镜，使十字线像出现在目镜视场的正中或附近。

3）仔细地沿测量方向移动反射镜座，在各预定测量位置上读数，并进行数据处理。

图 2-17　自准直仪检测直线度误差

（5）用自准直仪检测直线度误差的数值处理　将直线度误差填入检测报告单（表 2-5）。

表 2-5　直线度误差的检测报告单

序号	第一次读数	第二次读数	平均值	累计值
0				
1				
2				

（续）

序号	第一次读数	第二次读数	平均值	累计值
3				
4				
5				
6				
7				
8				
9				
10				

按作图法对上述实验数据进行处理：在坐标图中，横坐标表示分段距离，纵坐标表示读数的累计值，将各坐标点连接，即可画出测得的近似轮廓线，然后按最小条件，作一组平行直线包容该轮廓线，两平行直线间的纵坐标值，即为直线度误差。

4. 铸铁平台

铸铁平台又称威泰铸铁平台、威泰铸铁平板，外观基本上是箱体式，工作面有长方形、正方形和圆形，材料为 HT200～HT300、QT400～QT600，采用刮研工艺，工作面上可加工 V 形槽、T 形槽、U 形槽、燕尾槽、圆孔、长孔等，是用于工件、设备检测、划线、装配、焊接、组装、铆焊的平面基准量具，如图 2-18 所示。

铸铁平台的整体规格最大为 4m×8m，大于此规格可以多块拼接，使用中磨损后，可以重新修刮恢复其精度。可用涂色法检验其平面度，具有准确、直观、方便的优点。在经过刮研的铸铁平台上推动表座、工件比较顺畅，无发涩感觉，方便了测量，保证了测量准确度。

图 2-18　铸铁平台

【练习与思考】

1. 什么是形状误差？什么是形状公差？
2. 最小区域法测量几何误差的思路是什么？

任务二　零件平面度误差的检测

【知识目标】

1. 理解平面度公差的含义。
2. 了解水平仪的工作原理。

【技能目标】

1. 掌握用水平仪测量平面度误差的方法。

2. 熟悉平面度误差的评定方法。

【任务描述】

图 2-19 所示为公差等级为 2 级、规格为 200mm×200mm 的划线平板。试确定该平板是否符合技术要求。

图 2-19　划线平板

【任务分析】

划线平板主要用于零件划线、研磨加工及安装设备等。划线平板还是检验机械零件平面度、平行度、直线度等几何公差的测量基准。划线平板的形状误差将直接影响上述工作的工作质量。

根据被检测划线平面的尺寸和精度高低，采用不同的检测方法。

【相关知识】

平面度公差是限制实际平面对其理想平面变动量的一项指标，用于对实际平面的形状精度提出要求。平面度公差的示例见表 2-6。

表 2-6　平面度公差的示例

公差	示例	识读	公差带
平面度	0.08	上表面的平面度公差为 0.08mm	零件上表面必须位于距离为公差值（0.08mm）的两平行平面之间

【任务实施】

1. 用杠杆百分表检测平面度误差（打表法）

当用平板或仪器工作台面作为测量基准面时，可用打表法检测平面度误差。

1）将被测表面用可调支承置于平板上，并调整到大致与平板平行（通过调整三个支承点来实现等高）。

2）用杠杆百分表调整被测表面对角线上的 1 与 3 两点等高，再调整另一对角线上的 2

与 4 两点等高，如图 2-20a 所示。

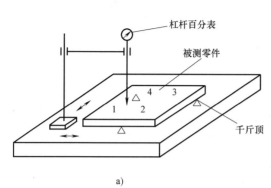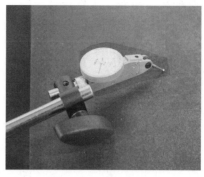

图 2-20　检测平板平面度误差

a）示意图　b）操作图

3）推动表座，使杠杆百分表在被测表面上移动，如图 2-20b 所示，依次读数。百分表的最大读数与最小读数之差即为平面度误差，即 $\Delta = M_{max} - M_{min}$。

2. 评定检测结果

完成检测，将检测结果填写在平面度误差检测报告单（表 2-7）中，并做出合格性判定。

表 2-7　平面度误差的检测报告单

测量数据记录											
序号											
数据											
最大误差值											
结论											

【知识拓展】

（1）框式水平仪的结构　框式水平仪（图 2-21）的主要结构由作为测量基准用的金属体、读数用的主水准器和定位用的水准器等组成。其框架为铸造结构，并且经过精加工处理，在主水准器上刻有红线，其间距约为 2mm。框架的测量面有平面和 V 形槽，V 形槽便于在圆柱面上测量。

弧形玻璃管的表面上有刻线，内装乙醚（或酒精），并留有一个水准泡，水准泡总是停留在玻璃管内的最高处。若水平仪倾斜一个角度，水准泡就向左或向右移动，根据移动的距离（格数），直接或通过计算即可知道被测工件的直线度、平面度或垂直度误差。常用的框式水平仪的精度为 0.02mm/1000mm。

图 2-21　框式水平仪

（2）使用框式水平仪检测机床工作台的平面度误差　机床工作台面平面度误差的检测方法如图 2-22 所示，工作台及床鞍分别置于行程的中间位置，在工作台面上放一桥板，其上放水平仪，分别沿图示各测量方向移动桥板，每隔桥板跨距 d 记录一次水平仪读数。通过工作台面上 A、B、D 三点建立基准平面，根据水平仪读数求得各测点平面的坐标值。

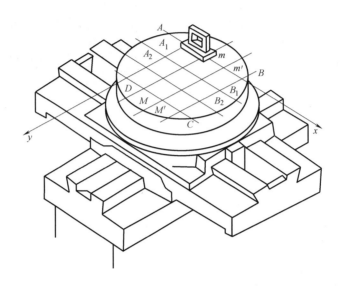

图 2-22　检测机床工作台面的平面度误差

平面度误差以任意 300mm 测量长度的最大坐标值记，国家标准规定的平面度公差见表 2-8。

表 2-8　国家标准规定的平面度公差　　　　　　　　　　（单位：mm）

工作台直径	≤500	>500~630	>630~1250	>1250~2000
在任意 300mm 测量长度内的公差值	0.02	0.025	0.03	0.035

【练习与思考】

1. 按最小条件处理用打表法测得的某平板平面度误差后所得的数据为：-2，+4，+10，-3，-5，+4，+9，+3，+8（单位为 mm），试求平板的平面度误差值。

2. 平面度的检测方法有哪几种？

3. 用打表法测量平面度误差时应注意什么？

任务三　零件圆度、圆柱度误差的检测

【知识目标】

1. 理解圆度、圆柱度公差的含义。

2. 了解圆度仪的结构。

【技能目标】

1. 掌握检测圆度误差、圆柱度误差的方法。
2. 熟悉圆度仪的操作方法。

【任务描述】

图 2-23a 所示为一传动轴，与轴承配合，其几何误差将直接影响零件的装配、传动精度和使用寿命。图 2-23b 中的标注表示圆度公差要求，图 2-23c 中的标注表示圆柱度公差要求。零件加工后，必须通过检测，根据测得的圆度、圆柱度误差是否在其公差范围内来判断零件是否合格。

图 2-23 传动轴

【任务分析】

图 2-23 中，"○"为圆度公差符号，"∅"为圆柱度公差符号，"0.006"表示公差带的大小。根据零件不同的结构、功能要求和公差大小，采用不同的检测方法。

【相关知识】

圆度公差是限制实际圆对理想圆的变动量的一项指标，用来控制回转体表面（如圆柱面、圆锥面、球面等）正截面轮廓的形状精度。圆度、圆柱度公差见表 2-9。

圆柱度公差是限制实际圆柱面对理想圆柱面变动量的一项指标，用于对圆柱面所有正截面和纵截面上的轮廓提出综合形状精度要求。它控制了圆柱横截面和纵截面内的各项形状公差，如圆度、轴线直线度和素线直线度等。使用时，一般标注了圆柱度就没有必要标注圆度和直线度了。

表 2-9　圆度、圆柱度公差

公差	示例	识读	公差带
圆度	<div align="center">⊙ 0.02　　0.02</div>	圆柱面的圆度公差为 0.02mm	被测圆柱面任一正截面的圆度必须位于半径差为公差值的两同心圆之间
圆柱度	<div align="center">⌭ 0.05　　0.05</div>	圆柱面的圆柱度公差为 0.05mm	被测圆柱面必须位于半径差为公差值的两同轴圆柱面之间

【任务实施】

1. 用偏摆仪检测圆度误差

（1）传动轴的安装　将传动轴装夹在偏摆仪的两顶尖上，如图 2-24 所示。

（2）传动轴的检测　如图 2-25 所示，测量时千分表的测量杆必须垂直于测量面。测量时，应当使测量杆有一定的初始测量力，即测量杆应有 0.3～1mm 的压缩量。

记录被测零件在回转一周过程中测量截面上各点的半径差，计算该截面的圆度误差。

移动千分表，测量若干个截面，取截面圆度误差中的最大误差值作为该零件的圆度误差。

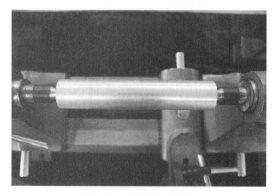

图 2-24　传动轴的安装

图 2-25　传动轴的检测

2. 圆柱度误差的检测

圆柱度误差的检测方法与圆度误差的检测方法基本相同，所不同的是应在测头在无径向偏移的情况下，测量若干个横截面，以确定圆柱度误差。

3. 评定检测结果

完成检测，将检测结果填写在圆度、圆柱度误差的检测报告单（表 2-10）中，并做出合格性判定。

表 2-10　圆度、圆柱度误差的检测报告单

检测项目		圆度误差	圆柱度误差
实测数据	1		
	2		
	3		
	4		
圆度误差			
结论			

4. 用圆度仪检测圆度误差和圆柱度误差

（1）圆度仪的结构　圆度仪有转台式和转轴式两种，转台式圆度仪的结构如图 2-26 所示。在工件随转台旋转的过程中，测头绕旋转轴旋转，求得半径的变化量，从而精密测量圆度（增添附件可以测同心度、垂直度和平面度）。该仪器具有精确、可靠、操作简单和易于维修等特点。

（2）圆度仪的工作原理　测量前需调节工件与转台"对中"，即工件中心和电动心轴中心对准，此工作依靠粗调工件和精

图 2-26　圆度仪的结构（转台式）

调电动心轴进行。转台由电动心轴驱动，绕垂直基准轴旋转。测量时，使仪器测头与实际被测圆轮廓接触，实际被测圆轮廓的半径变化量就可以通过测头反映出来，此变化量由传感器接收，并转换成电信号输送至电气系统，经放大器、滤波器、运算器输送到微机系统，实现数据的自动处理、打印及结果显示。

测量圆柱度误差，可在对中后通过测量工件足够多截面的圆度误差来进行；也可在转台旋转的同时，上下连续移动测头来进行测量。

【知识拓展】

1. 公差原则

在设计零件时，根据零件的功能要求，对零件上重要的几何要素，常常需要同时给定尺寸公差和几何公差等。那么，零件上几何要素的实际状态是由要素的尺寸误差和几何误差综合作用的结果，两者都会影响零件的配合性能，因此在设计和检测时需要明确几何公差与尺寸公差之间的关系。

机械零件的同一被测要素既有尺寸公差要求，又有几何公差要求，处理两者之间关系的原则，称为公差原则。

（1）独立原则　图样上给定的几何公差和尺寸公差相互无关，即每一个尺寸和形状、位置要求均是独立的，应分别满足。独立原则一般用于没有配合要求或配合要求不严格的场合。

如图 2-27 所示，在应用独立原则时，将尺寸公差和几何公差分别标注，不需要附加符

号。检测时，对实际尺寸和几何误差分别进行检测，不论实际尺寸是多少，直线度误差的允许值均为 $\phi 0.05\text{mm}$。

（2）相关要求　相关要求是指图样上给定的几何公差与尺寸公差相互有关的公差原则。

1）包容要求：包容要求表示实际要素应遵守最大实体边界，局部实际尺寸不得超过最小实体尺寸。包容要求通常用于保证配合性质的场合。采用包容要求的单一要素应在尺寸极限偏差或公差带代号之后加注符号Ⓔ，如图 2-28 所示。

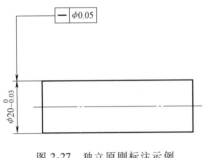

图 2-27　独立原则标注示例　　　　　　　　图 2-28　包容要求标注示例

2）最大实体要求：最大实体要求是要求被测要素的实际轮廓应遵守其最大实体实效边界，当其局部尺寸偏离最大实体尺寸时，允许其几何误差值超出在最大实体状态下给出的公差值的一种公差要求。即几何误差值能得到补偿，在一定条件下扩大了几何公差，提高了零件的合格率。最大实体要求通常用于保证零件的可装配性。

最大实体要求的符号为Ⓜ，一般加注在公差框格中的公差值后面，如图 2-29 所示。

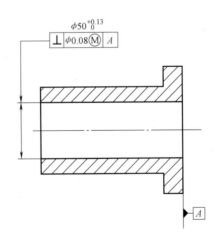

图 2-29　最大实体要求标注示例

3）最小实体要求：最小实体要求是控制被测要素的实际轮廓处于其最小实体实效边界之内的一种公差要求。当实际尺寸偏离最小实体尺寸时，允许其几何误差值超出在最小实体状态下给出的公差值的一种公差要求。最小实体要求通常用于保证零件的基本强度。

2. 轮廓度公差

在实际生产过程中，常遇到一些带有曲线轮廓和曲面轮廓的零件，在国家标准中通常用线、面轮廓度公差来对其提出几何精度要求。轮廓度公差带的含义和标注见表 2-11。

表 2-11 轮廓度公差带的含义和标注

公差	示例	识读	公差带
线轮廓度	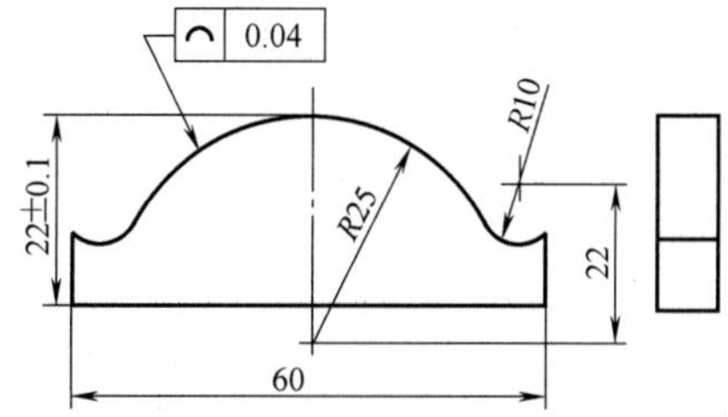 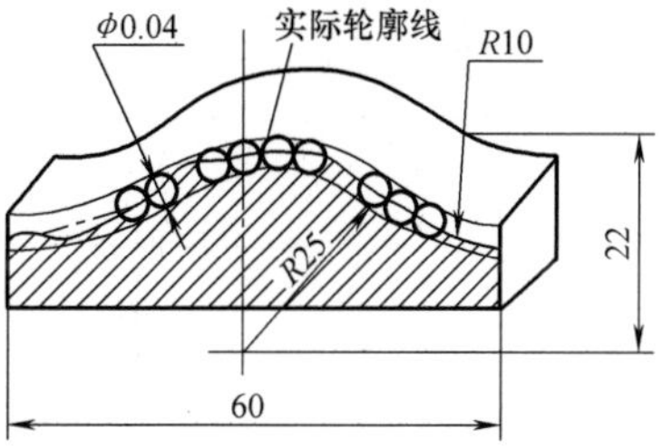	外形轮廓的线轮廓度公差为 0.04mm	包络一系列直径为公差值 0.04mm，且圆心位于具有理论正确几何形状的线上的两包络线之间的区域
面轮廓度	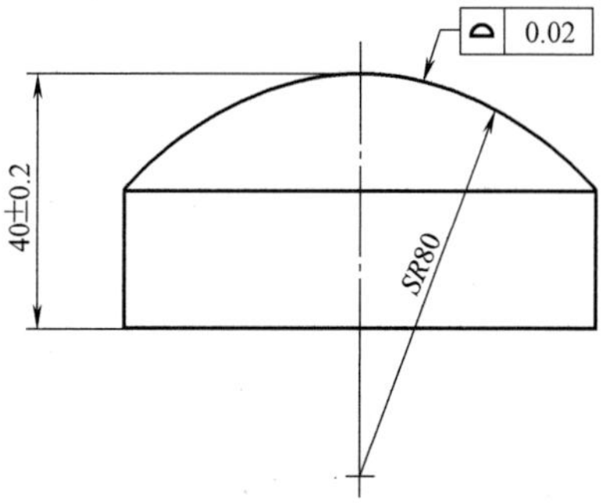 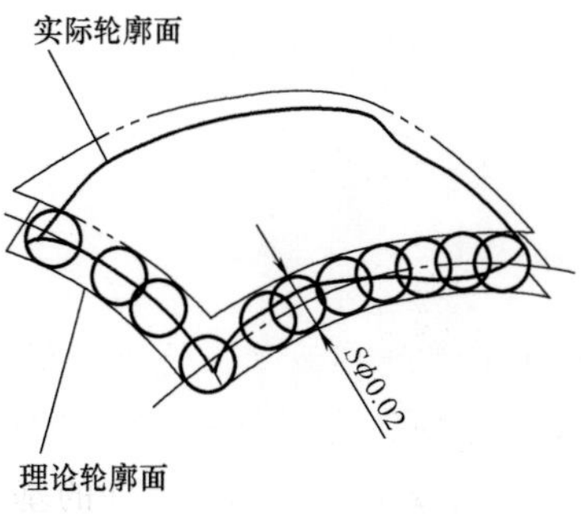	半径为理论正确尺寸 SR80mm 的上轮廓面的面轮廓度公差为 0.02mm	包络一系列球的两包络球面之间的区域，这两个球面的直径差为公差值 0.02mm，且球心位于具有理论正确几何形状的面上

轮廓度误差的检测见表 2-12。

表 2-12　轮廓度误差的检测

线轮廓度误差的检测	面轮廓度误差的检测
使用轮廓样板检测线轮廓度误差,根据光隙法读出间隙的大小,取最大间隙为该零件的线轮廓度误差	使用三坐标装置检测面轮廓度误差。测出若干点的坐标值,并将测得的坐标值和理论轮廓的坐标值进行比较,取其中差值最大的绝对值的 2 倍,作为该零件的面轮廓度误差
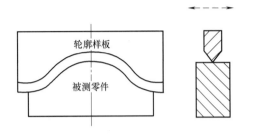	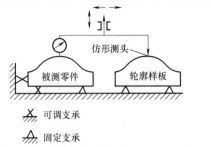

【练习与思考】

1. 圆度误差的检测方法有几种?

2. 相关要求主要有几种?各用什么符号表示?

任务四　零件平行度误差的检测

【知识目标】

理解平行度公差的含义。

【技能目标】

掌握检测平行度误差的方法。

【任务描述】

图 2-30 所示为一阶梯轴,要求其被测顶面与基准底面平行,加工后需对其进行检测,

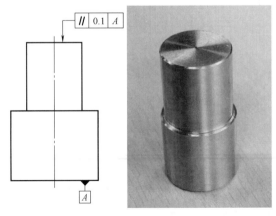

图 2-30　阶梯轴

确定其是否符合技术要求。

图 2-30 中的符号"∥"为平行度公差符号，"0.01"表示公差带的大小。按被测要素和基准要素的几何特征，可将平行度公差分为面对面、线对线、线对面、面对线四种情况，应根据不同的要求和公差大小，采用不同的检测方法。

1. 方向公差

方向公差用于限制被测实际要素相对于基准要素在方向上的变动量，对零件提出方向上的精度要求，如图 2-31 所示。

方向公差的被测要素和基准一般为平面或轴线，所以方向公差有面对面、线对面、面对线和线对线公差。

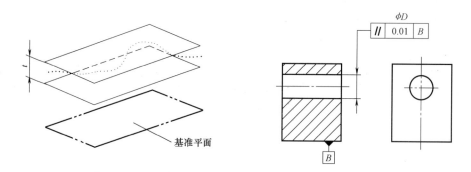

图 2-31　方向公差示例

2. 方向公差的项目和符号

方向公差的项目和符号见表 2-13。

表 2-13　方向公差的项目和符号

项目	符号	有或无基准要求
平行度	∥	有
垂直度	⊥	
倾斜度	∠	
线轮廓度	⌒	
面轮廓度	◠	

3. 基准

在几何公差的标注中，与被测要素相关的基准用一个大写斜体字母表示。字母标注在基准方格内，与一个涂黑的或空白的三角形相连以表示基准，表示基准的字母还应标注在公差框格内，涂黑的和空白的基准三角形含义相同，如图 2-32 所示。

图 2-32　基准的标注

4. 平行度公差

平行度公差是限制被测实际要素对基准要素在平行方向上变动量的一项指标，见表 2-14。

表 2-14　平行度公差

公差	示例	识读	公差带
平行度	线对面的平行度 ∥ | 0.01 | B 0.01 B 基准平面	孔的轴线对底面 B 的平行度公差为 0.01mm	被测实际轴线必须位于距离为公差值 0.01mm 且平行于基准平面 B 的两平行平面之间
	面对面的平行度 ∥ | 0.05 | A 0.05 A 基准平面	上平面对底面 A 的平行度公差为 0.05mm	被测实际表面必须位于距离为公差值 0.05mm 且平行于基准平面 A 的两平行平面之间
	面对线的平行度 ∥ | 0.1 | C 0.1 C 基准轴线	上平面对孔的轴线的平行度公差为 0.1mm	被测实际轴线必须位于距离为公差值 0.1mm 且平行于基准轴线的两平行平面之间

（续）

公差	示例	识读	公差带
平行度	给定方向上线对线的平行度 ‖ 0.1 A φD φD A 0.1 基准轴线	上孔的轴线对下孔的轴线 A 在垂直方向上的平行度公差为 0.1mm	被测实际轴线必须位于距离为公差值 0.1mm 且平行于基准轴线的两平行平面之间
	在任意方向上线对线的平行度 ‖ φ0.03 A φ0.03 A 基准轴线	上孔轴线对下孔轴线 A 的平行度公差为 φ0.03mm	被测实际轴线必须位于直径为公差值 φ0.03mm 且平行于基准轴线的圆柱面内

【任务实施】

1. 用打表法检测面对面的平行度误差

1）准备检具：平板、磁力表架、百分表。

2）将基准底面放置在平板上，形成稳定接触，如图 2-33 所示。

3）将百分表装入磁力表架，用测头接触被测平面，预压百分表 0.3～0.5mm，并将指示表指针调零。

4）沿被测平面多个方向均匀布点，移动磁力表架。此时，被测平面对基准的平行度误差由百分表直接读出，记录所有读数。

5）将所有读数中的最大读数与最小读数之差作为该零件的平行度误差。

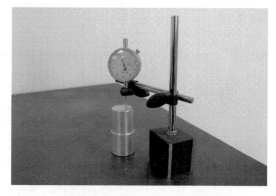

图 2-33　平行度误差的检测

2. 评定检测结果

完成检测，将检测结果填写在平行度误差的检测报告单（见表 2-15）中，并做出合格性判定。

表 2-15　平行度误差的检测报告单

检测项目		平行度误差
实测数据	1	
	2	
	3	
	4	
平行度误差		
结论		

【知识拓展】

平行度误差的检测方法：用平板、心轴或 V 形架模拟平面，以孔或轴作为基准，测量被测线、面各点到基准的距离之差，以最大相对差作为平行度误差，见表 2-16。

表 2-16　平行度误差的检测

检测对象		检测方法	检测步骤
平行度误差	线对面	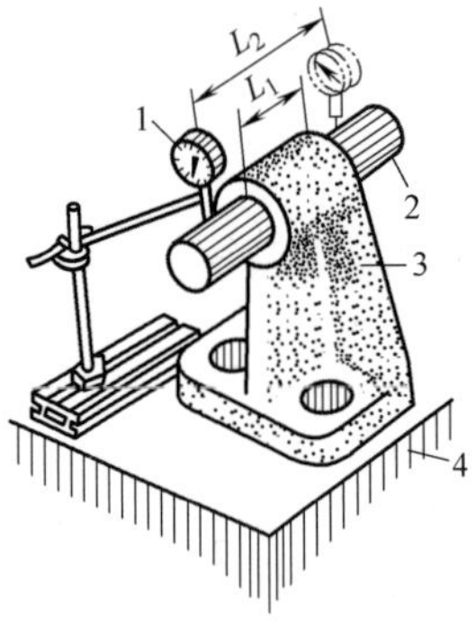 线对面平行度误差的检测 1—指示表　2—心轴　3—被测零件　4—平板	1. 将被测零件放置在平板上,被测轴线由心轴模拟 2. 在距离为 L_2 的两个位置上测量心轴的上素线,测得的读数分别为 M_1 和 M_2 3. 平行度误差 f 为 $$f = \lvert M_1 - M_2 \rvert L_1/L_2$$ 其中 L_1 为被测轴线长度, L_2 为指示表两个位置间的距离 4. 评定检测结果:如果计算出的 $f \leqslant$ 公差值,那么该零件的平行度误差符合要求;如果计算出的 $f >$ 公差值,那么该零件的平行度误差超差
	面对线	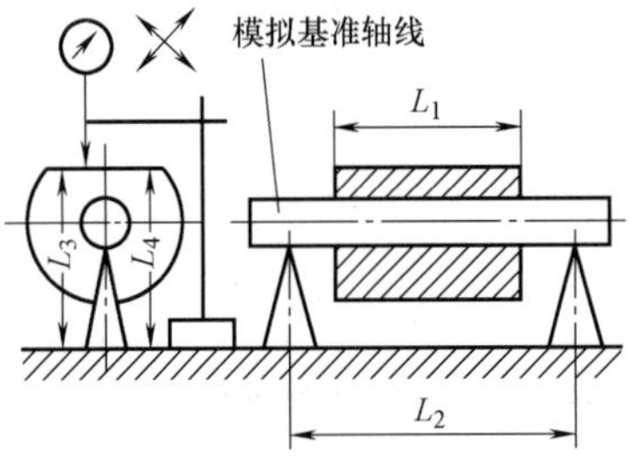 面对线平行度误差的检测	1. 将心轴插入零件基准孔中,然后放在等高 V 形架上 2. 转动零件,使 $L_3 = L_4$ 3. 测量整个平面,取指示表读数的最大差值作为平行度误差。测量时,应选用可胀式心轴,使其与孔配合无间隙 4. 评定检测结果
	面对面	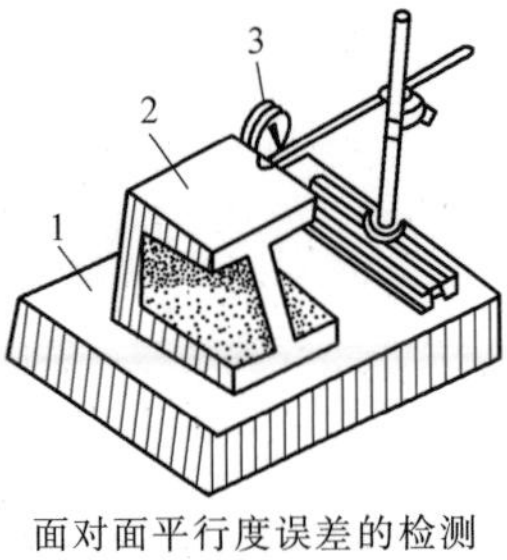 面对面平行度误差的检测 1—平板　2—被测零件　3—指示表	1. 将被测零件放置在平板上 2. 在整个被测表面上多个方向移动指示表支架进行测量 3. 取指示表最大读数与最小读数的差值 f,即 $f = M_{max} - M_{min}$。其中 M_{max} 为指示表的最大读数, M_{min} 为指示表的最小读数 4. 评定检测结果:如果计算出的 $f \leqslant$ 公差值,那么该零件的平行度误差符合要求;如果计算出的 $f >$ 公差值,那么该零件的平行度误差超差

（续）

检测对象	检测方法	检测步骤
平行度误差	线对线	 线对线平行度误差的检测 1—指示表　2—被测零件　3、4—心轴 5—V形架　6—平板	1. 将被测零件装入心轴，然后放入等高 V 形架上 2. 用指示表测心轴两端的高度 M_1 和 M_2 3. 平行度误差 f 为 $$f = \mid M_1 - M_2 \mid L_1/L_2$$ 其中 L_1 为被测轴线长度，L_2 为指示表两个位置间的距离 4. 在 $0° \sim 180°$ 范围内按上述方法测量若干个不同位置，取各测量位置所对应的平行度误差值中的最大值 5. 评定检测结果：如果 $f_{max} \leqslant$ 公差值，那么该零件的平行度误差符合要求；如果 $f_{max} >$ 公差值，那么该零件的平行度误差超差

【练习与思考】

平行度误差的检测方法有哪些？

任务五　零件垂直度误差的检测

【知识目标】

1. 理解垂直度公差的含义。
2. 理解倾斜度公差的含义。

【技能目标】

掌握检测垂直度误差的方法。

【任务描述】

图 2-34 所示为一配合件，要求其左侧面与基准底面垂直，加工后需对其进行检测，确定其是否符合技术要求。

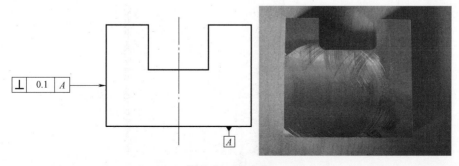

图 2-34　配合件

【任务分析】

图 2-34 中的符号 "⊥" 为垂直度公差符号，"0.1" 表示公差带的大小。按被测要素和基准要素的几何特征，可将垂直度公差分为面对面、线对线、线对面、面对线四种情况，应根据不同的要求和公差大小，采用不同的检测方法。

【相关知识】

1. 垂直度公差

垂直度公差是限制被测实际要素对基准在垂直方向上变动量的一项指标，用于保证零件的垂直方向上的精度，见表 2-17。

表 2-17　垂直度公差

公差	示例	识读	公差带
垂直度	面对面的垂直度 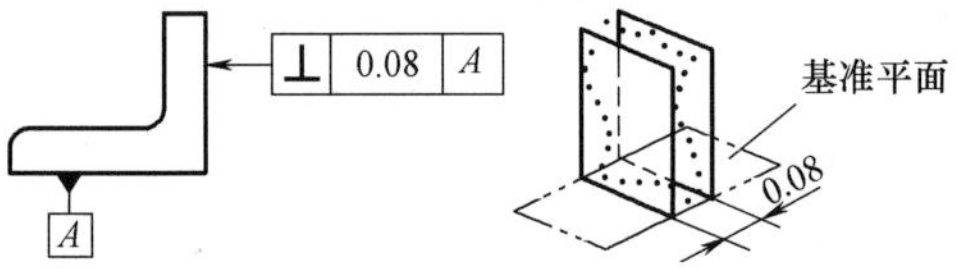	右侧面对基准平面 A（下表面）的垂直度公差为 0.08mm	被测平面必须位于距离为公差值 0.08mm 且垂直于基准平面 A 的两平行平面之间。
	面对线的垂直度 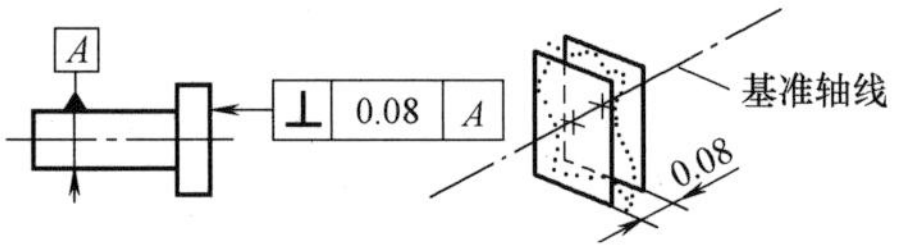	右侧面对基准轴线 A 的垂直度公差为 0.08mm	被测平面必须位于距离为公差值 0.08mm 且垂直于基准轴线 A 的两平行平面之间
	任意方向上线对面的垂直度 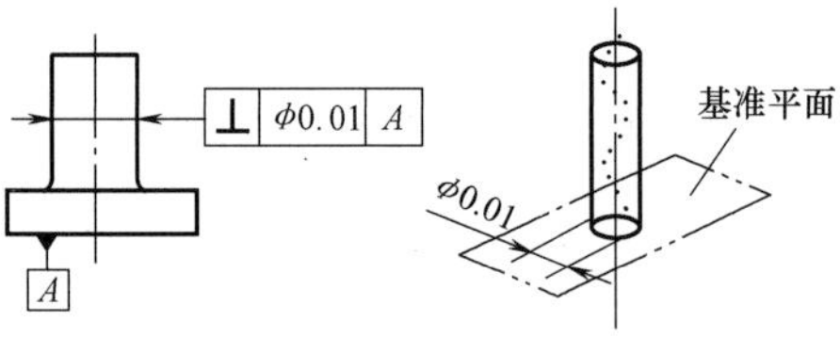	圆柱的轴线对基准平面 A 的垂直度公差为 ϕ0.01mm	被测轴线必须位于直径为公差值 ϕ0.01mm 且垂直于基准平面 A 的圆柱面内
	给定方向上线对面的垂直度 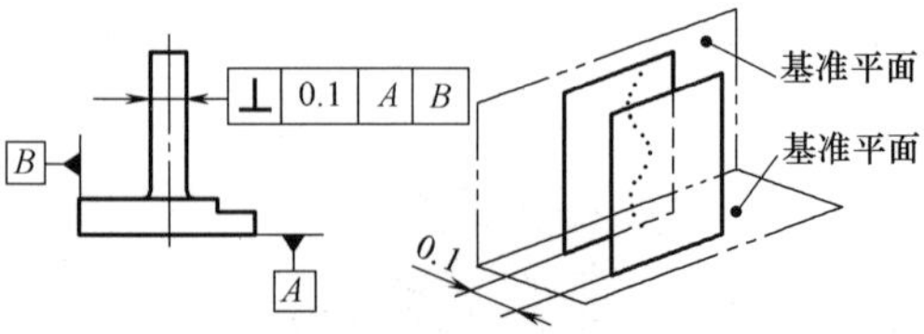	圆柱轴线对基准平面 A 的垂直度公差为 0.1mm，基准平面 A 垂直于基准平面 B	被测圆柱轴线必须位于距离为公差值 0.1mm 且垂直于基准平面 A 平行于基准平面 B 的两平行平面之间
	线对线的垂直度 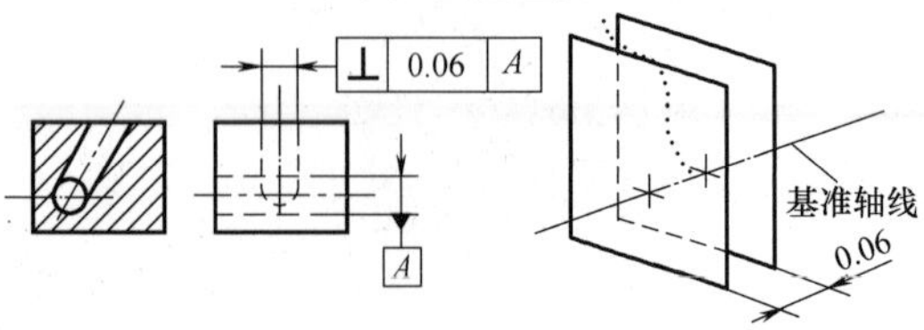	被测轴线对基准轴线 A 的垂直度公差为 0.06mm	被测轴线必须位于距离为公差值 0.06mm 且垂直于基准轴线 A 的两平行平面之间

2. 划线方箱

划线方箱是平台测量的主要辅助工具，具有垂直度精度很高的四个相邻平面，其中一个工作面上有 V 形槽，主要用作测量的辅助基准检验平行度、垂直度，也可用作划线。划线方箱用铸铁或钢材制成，如图 2-35 所示。

3. 塞尺

塞尺如图 2-36 所示，其测量精度一般为 0.01mm，每把塞尺有 13 片、14 片、17 片、20 片尺片不等，当需要测量两个平面之间的很小的距离时，可使用塞尺。使用塞尺时可以单片使用也可以将不同厚度的尺片组合在一起使用。

使用塞尺时要注意用力适当，方向合适，不可强塞，以防弯曲过度甚至折断塞尺。只检查某一间隙是否小于规定值时，用符合规定的最大值的尺片塞入该间隙，如果不能塞入即为合格，反之为不合格。

图 2-35　划线方箱

图 2-36　塞尺

【任务实施】

1. 使用划线方箱和塞尺检测垂直度误差

1）将被测零件和划线方箱放置在平板上，使被测零件的基准平面接触平板，再用塞尺检查是否接触良好，形成稳定接触，如图 2-37 所示。

2）移动被测工件，使被测表面与划线方箱的光滑侧面接触，观察光隙部位的光隙大小，用塞尺检查最大光隙值，也可以估计出最大光隙值。

图 2-37　垂直度误差的检测

2. 评定检测结果

完成检测，将检测结果填写在垂直度误差的检测报告单（表2-18）中，并做出合格性判定。

表 2-18　垂直度误差的检测报告单

检测项目		垂直度误差
实测数据	1	
	2	
	3	
	4	
垂直度误差		
结论		

特别提示：

1）在进行面对面的垂直度误差的测量时，若精度要求不高，通常采用直角尺和塞尺相配合进行测量。

2）以面作为基准要素时，若基准面较大，为提高测量精度，可用点支承的形式；若基准面较小，精度要求不高，可直接用面支承的形式。

【知识拓展】

1. 垂直度误差的其他检测方法

由于被测要素和基准要素不同，零件的垂直度误差分为线对线、线对面、面对线和面对面四种情况。垂直度误差的检测方法及检测步骤见表2-19。

表 2-19　垂直度误差的检测方法及检测步骤

检测对象		检测方法	检测步骤
垂直度误差	线对线	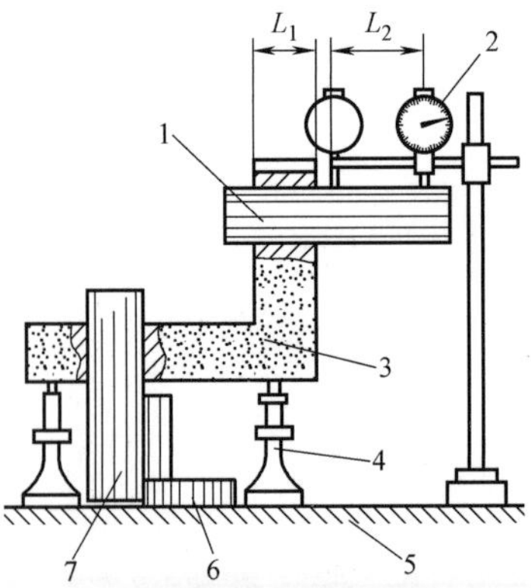 线对线垂直度误差的检测 1、7—心轴　2—指示表　3—被测零件 4—可调支承　5—平板　6—精密直角尺	1. 将指示表装入表架待定 2. 先将可胀式与孔成无间隙配合的心轴装入零件 3. 调整基准心轴7，使其与平板5垂直 4. 使指示表测头与心轴1垂直，并将指针调零，测得 M_1 和 M_2 5. 计算垂直度误差 f 为 $$f=\mid M_1-M_2\mid L_1/L_2$$ 其中 L_1 为被测轴线长度，L_2 为指示表两个位置间的距离 6. 评定检测结果：$f\leqslant$公差值，零件的垂直度误差符合要求；$f>$公差值，零件的垂直度误差超差

（续）

检测对象		检测方法	检测步骤
垂直度误差	线对面	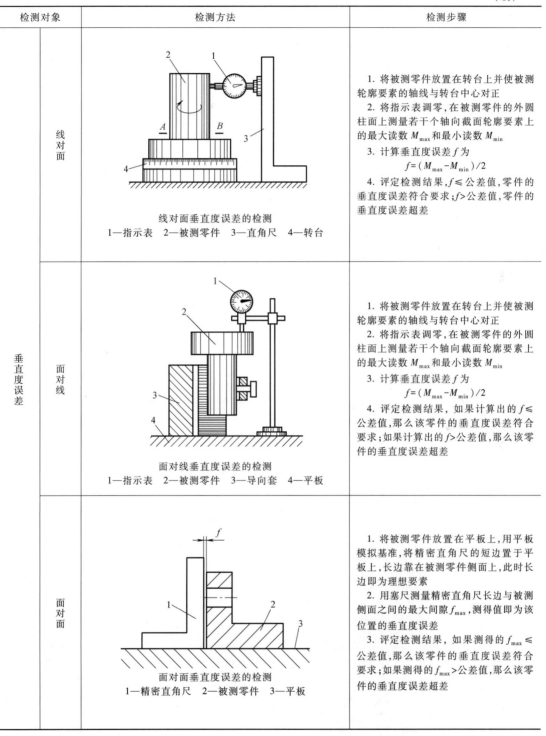 线对面垂直度误差的检测 1—指示表　2—被测零件　3—直角尺　4—转台	1. 将被测零件放置在转台上并使被测轮廓要素的轴线与转台中心对正 2. 将指示表调零,在被测零件的外圆柱面上测量若干个轴向截面轮廓要素上的最大读数 M_{max} 和最小读数 M_{min} 3. 计算垂直度误差 f 为 $f=(M_{max}-M_{min})/2$ 4. 评定检测结果,$f \leqslant$ 公差值,零件的垂直度误差符合要求;$f>$ 公差值,零件的垂直度误差超差
	面对线	面对线垂直度误差的检测 1—指示表　2—被测零件　3—导向套　4—平板	1. 将被测零件放置在转台上并使被测轮廓要素的轴线与转台中心对正 2. 将指示表调零,在被测零件的外圆柱面上测量若干个轴向截面轮廓要素上的最大读数 M_{max} 和最小读数 M_{min} 3. 计算垂直度误差 f 为 $f=(M_{max}-M_{min})/2$ 4. 评定检测结果,如果计算出的 $f \leqslant$ 公差值,那么该零件的垂直度误差符合要求;如果计算出的 $f>$ 公差值,那么该零件的垂直度误差超差
	面对面	面对面垂直度误差的检测 1—精密直角尺　2—被测零件　3—平板	1. 将被测零件放置在平板上,用平板模拟基准,将精密直角尺的短边置于平板上,长边靠在被测零件侧面上,此时长边即为理想要素 2. 用塞尺测量精密直角尺长边与被测侧面之间的最大间隙 f_{max},测得值即为该位置的垂直度误差 3. 评定检测结果,如果测得的 $f_{max} \leqslant$ 公差值,那么该零件的垂直度误差符合要求;如果测得的 $f_{max}>$ 公差值,那么该零件的垂直度误差超差

2. 倾斜度公差

倾斜度公差是限制被测实际要素对基准在倾斜方向上变动量的一项指标，是指加工后的零件上与基准面或基准线成一定角度的面或线偏离理想面或线的程度，见表2-20。

表 2-20 倾斜度公差

公差	示例	识读	公差带
倾斜度	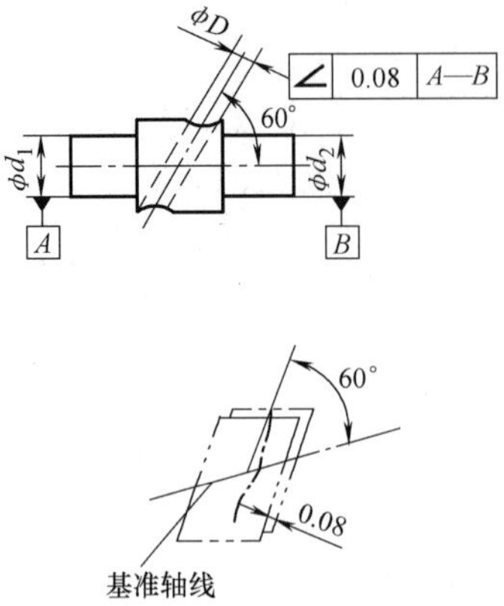 线对线的倾斜度公差	ϕD 孔的轴线对 ϕd_1 和 ϕd_2 外圆的基准轴线 A—B 的倾斜度公差为 0.08mm	距离为公差值 0.08mm,且与基准轴线 A—B 成 60°角的两平行平面之间的区域
	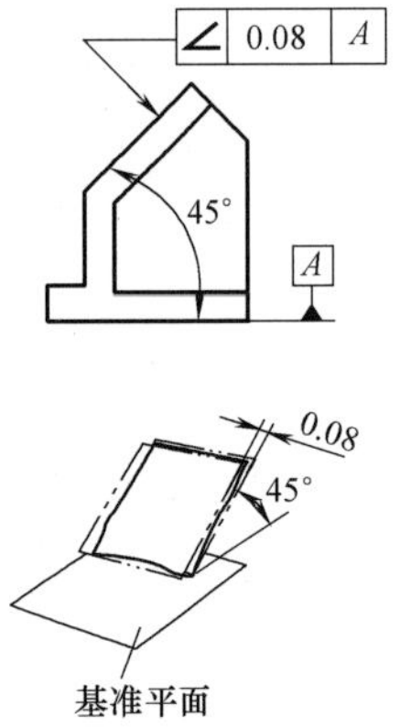 面对面的倾斜度公差	斜面对基准平面 A 的倾斜度公差为 0.08mm	距离为公差值 0.08mm 且与基准平面 A 成 45°角的两平行平面之间的区域
	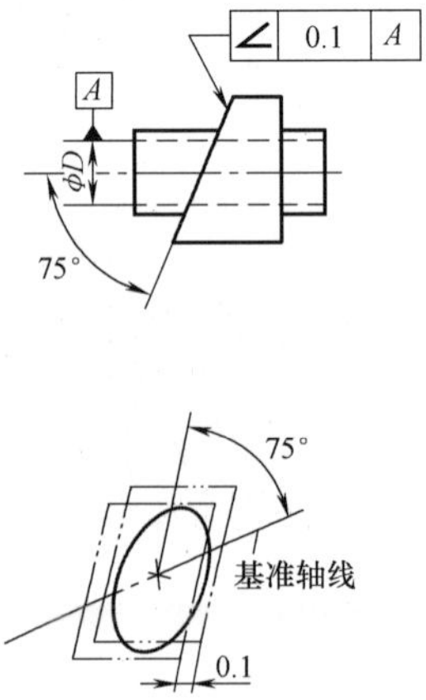 面对线的倾斜度公差	斜面对基准轴线 A 的倾斜度公差为 0.1mm	距离为公差值 0.1mm 且与基准轴线 A 成 75°角的两平行平面之间的区域

【练习与思考】

按下列要求在题图 2-1 中标注几何公差代号。

1）$\phi50$mm 圆柱面素线的直线度公差为 0.02mm。

2）$\phi30$mm 圆柱面的圆柱度公差为 0.05mm。

3）整个零件的轴线必须位于直径为 0.04mm 的圆柱面内。

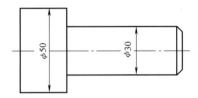

题图 2-1　标注几何公差代号（一）

任务六　零件同轴度误差的检测

【知识目标】

1. 理解位置公差的含义。
2. 理解同轴度公差的含义。

【技能目标】

掌握检测同轴度误差的方法。

【任务描述】

图 2-38 所示的阶梯轴除了有尺寸精度要求外，还有位置公差要求——$\phi50$mm 轴段的轴线与两端 $\phi30$mm 轴段的轴线组成的公共轴线有同轴度要求，试检测其是否符合技术要求。

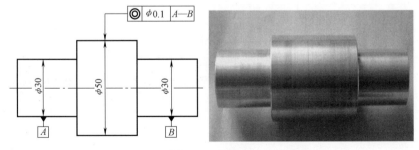

图 2-38　阶梯轴

【任务分析】

在测量之前，必须读懂图样上标注的同轴度公差符号。图 2-38 中，$\phi0.1$mm 是 $\phi50$mm

与两端 $\phi30mm$ 轴线的同轴度公差。通过对同轴度公差项目的正确解读，选择正确的检测方法对同轴度误差进行检测，并根据检测结果判断零件是否合格。

【相关知识】

1. 位置公差

位置公差用于限制被测实际要素相对于基准要素在位置上的变动量，如图 2-39 所示。

位置公差带具有确定的位置，相对于基准的尺寸为理论正确尺寸；位置公差带具有综合控制被测要素位置、方向和形状的功能。

图 2-39　位置公差示例

2. 位置公差的项目和符号

位置公差的项目和符号见表 2-21。

表 2-21　位置公差的项目和符号

项目	符号	有无基准要求
同轴度 （用于轴线）	◎	有
同心度 （用于中心点）	◎	有
对称度	＝	有
位置度	⊕	有或无
线轮廓度	⌒	有
面轮廓度	⌓	有

3. 同轴度公差

同轴度公差的被测要素和基准要素均为轴线，要求被测要素的理想位置与基准同心或同轴，见表 2-22。

表 2-22　同轴度公差

公差	示例	识读	公差带
同轴度	轴线对轴线的同轴度 ⊚ $\phi 0.04$ A ϕd_2　ϕd_1 $\phi 0.04$　基准轴线	ϕd_1 的轴线对基准轴线 A 的同轴度公差为 $\phi 0.04$mm	直径为公差值 $\phi 0.04$mm 且与基准轴线同轴的圆柱面内的区域
	圆心对圆心的同心度 A ACS ⊚ $\phi 0.1$ A $\phi 0.1$ 基准点	套筒任意横截面内孔的轴心对外圆轴心 A 的同心度公差为 $\phi 0.1$mm	直径为公差值且与基准轴心同心的圆内

【任务实施】

1. 检测同轴度误差

先用两顶尖模拟左右两轴的公共轴线，将被测零件支承起来，再使百分表与被测圆柱面接触，注意使百分表的测杆与被测轴线垂直，然后转动被测圆柱面，旋转一周的过程中，百分表指针的最大变动量即为该零件的同轴度误差，如图 2-40 所示。

2. 评定检测结果

完成检测，将检测结果填写在同轴度误差的检测报告单（表 2-23）中，并做出合格性判定。

图 2-40　同轴度误差的检测

表 2-23　同轴度误差的检测报告单

检测项目		同轴度误差
实测数据	1	
	2	
	3	
	4	
同轴度误差		
结论		

【知识拓展】

同轴度误差的其他检测方法见表 2-24。

表 2-24　同轴度误差的其他检测方法

检测项目	检测方法及使用仪器	检测步骤
同轴度误差	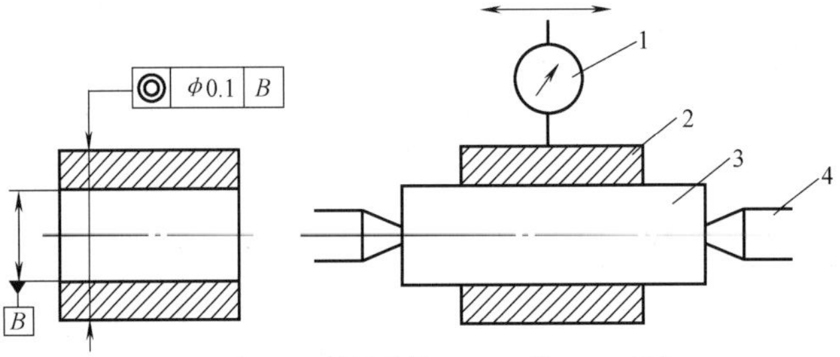 1—百分表　2—被测零件　3—心轴　4—顶尖	将被测零件套在两顶尖间的心轴上，用百分表检测

【练习与思考】

使用偏摆仪检测同轴度误差和检测圆度误差有何异同？

任务七　零件对称度误差的检测

【知识目标】

1. 理解对称度公差的含义。

2. 理解位置度公差的含义。

【技能目标】

掌握检测对称度误差的方法。

【任务描述】

图 2-41 所示为一右侧开有矩形槽的矩形块状配合件。该配合件右侧所开的矩形槽上、下两面的中间平面对基准平面有严格的技术要求——对称度要求。

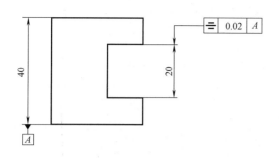

图 2-41　配合件

【任务分析】

在检测之前，必须读懂图样上标注的对称度符号。宽度为 20mm 槽的中间平面对于基准中心平面的对称度公差为 0.02mm。应熟悉对称度公差符号的含义及标注方法。

【相关知识】

对称度公差：被测实际要素为中心平面或轴线，要求被测要素的理想位置与基准一致，见表 2-25。

表 2-25　对称度公差

公差	示例	识读	公差带
对称度	轴线对轴线的对称度	被测槽顶面和底面的中心平面相对于基准中心平面 A 的对称度公差为 0.1mm	被测中心平面必须位于距离为公差值 0.1mm 且相对于基准中心平面 A 对称的两平行平面之间

【任务实施】

1. 检测对称度误差

1）将被测零件置于平板上，测出被测槽的表面与平板之间的距离 a，如图 2-42 所示。

2）将被测零件翻转后，测出被测槽另一表面与平板之间的距离 b，则 a、b 之差为该测量截面两对应点的对称度误差。

3）按上述方法，测量若干个截面内两对应点的对称度误差。

4）取测量截面内两对应点与平板之间距离的最大差值作为对称度误差。

图 2-42   对称度误差的检测

2. 评定检测结果

完成检测，将检测结果填写在对称度误差的检测报告单（表 2-26）中，并做出合格性判定。

表 2-26   对称度误差的检测报告单

检测项目		对称度误差
实测数据	1	
	2	
	3	
	4	
对称度误差		
结论		

【知识拓展】

位置度公差用于限制被测要素的实际位置相对于其理想基准位置偏离的程度。位置度公差带分为点、线、面三种类型，线位置度常用于限制板状和盘状零件上的孔位、空间和复合三种情况的位置度公差，见表 2-27。

表 2-27   位置度公差

公差	示例	识读	公差带
位置度公差	ϕD 孔的轴线对三基准平面 A、B、C 的位置度公差为 $\phi 0.1$mm	距离为公差值 0.1mm 且以孔轴线的理想位置为轴线的圆柱面区域

（续）

公差	示例	识读	公差带
位置度公差	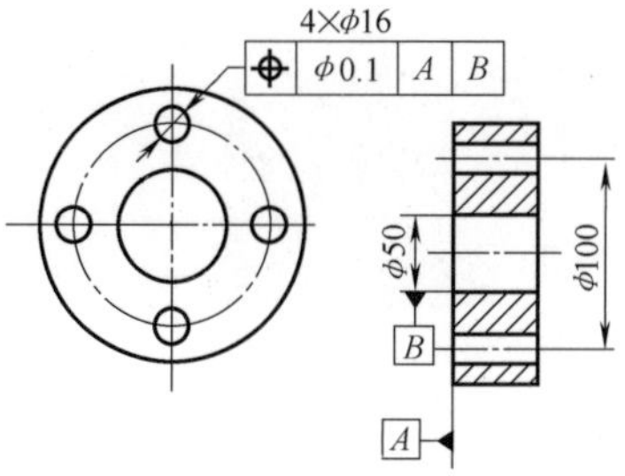 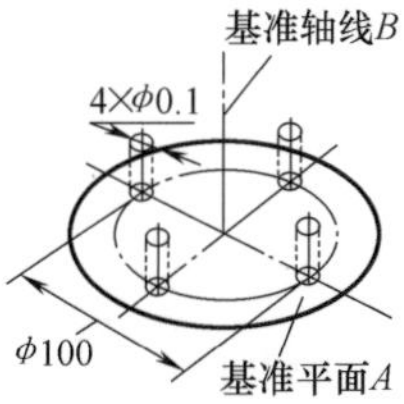	4 个在圆周上均匀分布的 $\phi 16$mm 孔的轴线对基准平面 A 及 $\phi 50$mm 孔的基准轴线 B 的位置度公差为 $\phi 0.1$mm	直径为公差值 0.1mm 且以孔轴线的理想位置为轴线的圆柱面区域

【练习与思考】

若某一轴线有三基面体系里的位置度公差时，还有没有必要再规定其直线度公差或线对面的平行度公差？

任务八　零件跳动误差的检测

【知识目标】

1. 理解圆跳动公差的含义。

2. 理解全跳动公差的含义。

【技能目标】

掌握检测跳动误差的方法。

【任务描述】

如图 2-43 所示，为保证轴类零件的传动精度，经常对轴类零件的被测实际要素绕基准轴线回转一周或连续回转时的跳动量给予限制，所允许的最大跳动量为跳动公差。

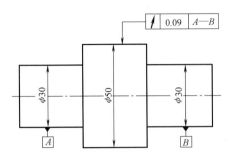 

图 2-43 轴

【任务分析】

在检测前，必须读懂图样上标注的跳动公差符号。图 2-43 中，0.09mm 是径向圆跳动公差值。针对零件的结构特点，选择合适的检测方法对跳动误差进行检测。

【相关知识】

跳动公差是被测要素在绕基准要素回转的过程中所允许的最大跳动量，见表 2-28。其中，圆跳动公差为被测提取要素绕基准轴线做无轴向移动的回转一周时，由固定的指示表在给定方向上测得的最大与最小读数之差。

表 2-28 跳动公差

公差	示例	识读	公差带
圆跳动	径向圆跳动 横截面 0.8 基准轴线	圆柱面对基准轴线 A 的径向圆跳动公差为 0.8mm	在任一垂直于基准轴线 A 的横截面内，半径差为公差值 0.8mm，圆心在基准轴线上的两同心圆之间的区域
	轴向圆跳动 基准轴线 公差带 0.1 任意直径	右端面对基准轴线 D 的轴向圆跳动公差为 0.1mm	在与基准轴线同轴的任一圆柱形截面上，轴向距离等于公差值 0.1mm 的两圆所限定的圆柱面区域

（续）

公差	示例	识读	公差带
圆跳动	斜向圆跳动 基准轴线 基准轴线 0.1 *C* *C* 0.1 公差带 公差带	圆锥面对基准轴线 *C* 的斜向圆跳动公差为 0.1mm	在与基准轴线同轴的任一圆锥截面（素线与被测面垂直）上，间距等于公差值 0.1mm 的两圆所限定的圆锥面区域
全跳动	径向全跳动 0.1 *A—B* *A*　*B*　基准轴线	大圆柱面对 *A—B* 公共基准轴线的径向全跳动公差为 0.1mm	半径差为公差值 0.1mm，与 *A—B* 基准轴线同轴的两圆柱面所限定的区域
	轴向全跳动 基准轴线　提取表面 0.1 *D* *D*　φ*d*　0.1　φ*d*	右端面对基准轴线 *D* 的轴向全跳动公差为 0.1mm	间距等于公差值 0.1mm，垂直于基准轴线的两平行平面所限定的区域

【任务实施】

1. 在两顶尖间检测径向圆跳动误差

将被测零件安装在偏摆仪的两顶尖之间，在被测零件回转一周的过程中，指示表读数的最大差值即为该测量截面的径向圆跳动误差。按上述方法测量若干个截面，取各截面测得跳动量的最大值作为该零件的径向圆跳动误差，如图 2-44 所示。

图 2-44　径向圆跳动误差的检测

2. 评定检测结果

完成检测，将检测结果填写在径向圆跳动误差的检测报告单（表 2-29）中，并做出合格性判定。

表 2-29 径向圆跳动误差的检测报告单

检测项目		径向圆跳动误差
实测数据	1	
	2	
	3	
	4	
径向圆跳动误差		
结论		

【知识拓展】

跳动误差的检测方法和步骤见表 2-30。

表 2-30 跳动误差的检测方法和步骤

检测项目		检测方法示意图	检测步骤
圆跳动误差	径向圆跳动	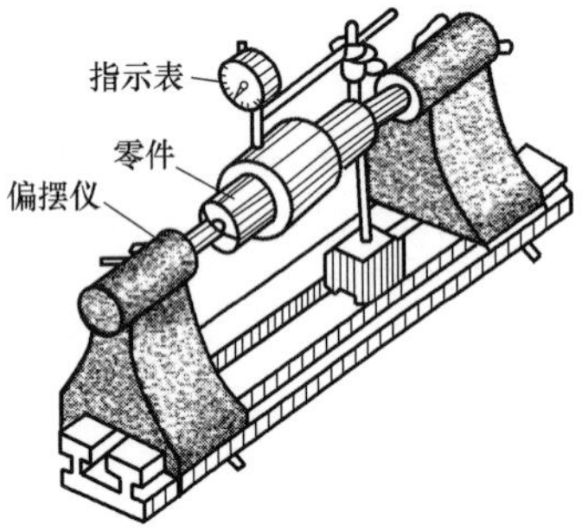 指示表 零件 偏摆仪	1. 基准轴线由偏摆仪的两顶尖模拟，将被测零件安装在偏摆仪上 2. 在被测零件回转一周的过程中，指示表最大读数与最小读数的差值即为单个测量平面上的径向圆跳动误差 3. 按上述方法测量若干个截面，取各个截面上测得的跳动量中的最大值即为该零件的径向圆跳动误差
	轴向圆跳动	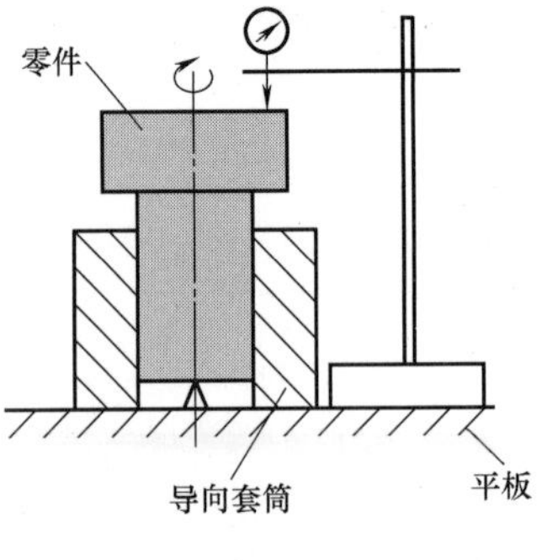 零件 导向套筒 平板	1. 将被测零件固定在导向套筒内并在轴向上固定，导向套筒的轴线应与平板垂直 2. 在被测零件回转一周的过程中，指示表最大读数与最小读数的差值即为单个测量圆柱面上的轴向圆跳动误差 3. 按上述方法测量若干个测量圆柱面，取测得的跳动量中的最大值即为该零件的轴向圆跳动误差

（续）

检测项目		检测方法示意图	检测步骤
圆跳动误差	斜向圆跳动	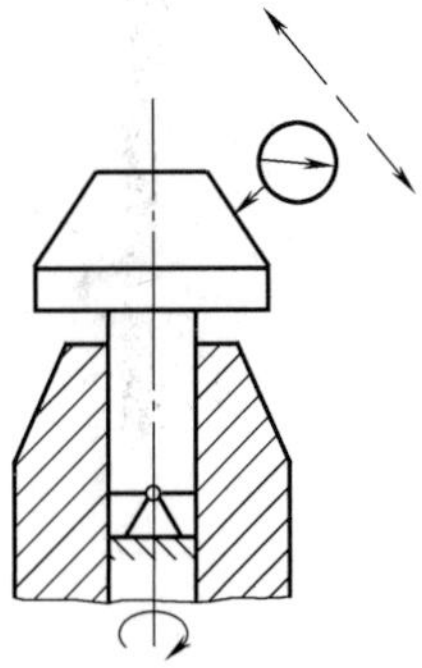	1. 测量时将被测零件支承在导向套筒内，并在轴向固定 2. 指示表测头的测量方向要垂直于被测圆锥面的素线。在被测零件回转一周的过程中，指示表最大读数与最小读数的差值即为该测量圆锥面上的斜向圆跳动误差 3. 将指示表沿被测圆锥面素线移动，按上述方法测量若干个位置的斜向圆跳动误差，取其中的最大值作为该圆锥面上的斜向圆跳动误差
全跳动误差	径向全跳动	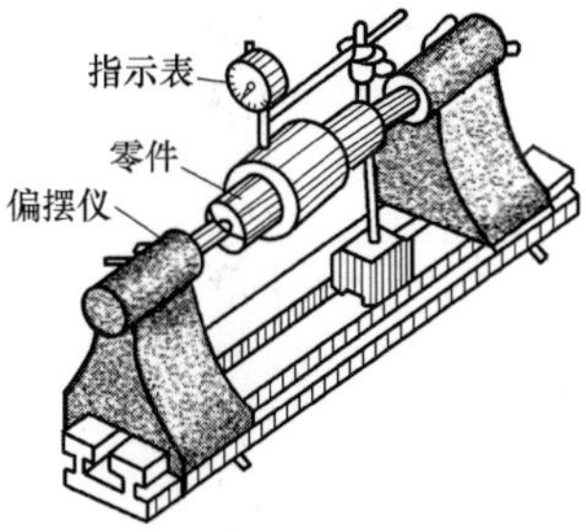 指示表 零件 偏摆仪	1. 基准轴线由偏摆仪的两顶尖模拟，将被测零件安装在偏摆仪上 2. 在被测零件连续回转的过程中，让指示表沿基准轴线的方向做直线运动 3. 在整个测量过程中，指示表的最大读数与最小读数的差值即为该零件的径向全跳动误差
	轴向全跳动	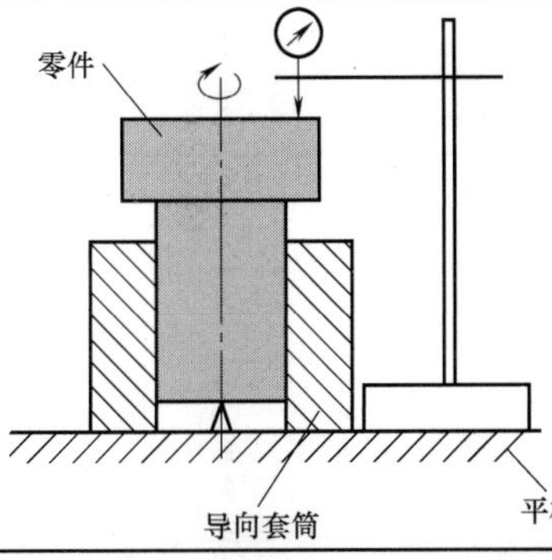 零件 导向套筒　　平板	1. 将被测零件固定在导向套筒内并在轴向上固定，导向套筒的轴线应与平板垂直 2. 在被测零件连续回转的过程中，指示表沿其径向做直线移动 3. 在整个测量过程中，指示表最大读数与最小读数的差值即为该零件的轴向全跳动误差

【工程实例】直通车2：
　　这个视频主要介绍几何精度设计实例分析。
　　手机微信扫描右侧二维码来观看学习吧。

【练习与思考】

1. 判断题

（1）某平面对基准平面的平行度公差为 0.05mm，那么该平面的平面度误差一定不大于 0.05mm。（　　）

（2）某圆柱面的圆柱度公差为 0.03 mm，那么该圆柱面对基准轴线的径向全跳动公差不小于 0.03mm。（　　）

（3）对同一要素既有位置公差要求，又有方向公差要求时，方向公差值应大于位置公差值。（　　）

（4）对称度的被测导出要素和基准导出要素都应视为同一导出要素。（　　）

（5）某实际要素存在形状误差，则一定存在位置误差。（　　）

（6）圆柱度公差是控制圆柱形零件横截面和轴向截面内形状误差的综合性指标。（　　）

（7）线轮廓度公差带是指包络一系列直径为公差值 t 的圆的两包络线之间的区域，诸圆圆心应位于理想轮廓线上。（　　）

（8）若某轴的轴线直线度误差未超过直线度公差，则此轴的同轴度误差合格。（　　）

（9）端面全跳动公差和平面对轴线的垂直度公差控制的效果完全相同。（　　）

（10）尺寸公差与几何公差采用独立原则时，零件的实际尺寸和几何误差中有一项超差，则该零件不合格。（　　）

2. 在下表中填写出几何公差各项目的符号，并注明该项目是属于形状公差、方向公差、位置公差还是跳动公差。

项目	符号	几何公差类别	项目	符号	几何公差类别
同轴度			圆　度		
圆柱度			平行度		
位置度			平面度		
倾斜度			圆跳动		
全跳动			直线度		

3. 按下列要求在题图 2-2 中标注几何公差代号。

（1）ϕ50mm 圆柱面素线的直线度公差为 0.01mm。

（2）ϕ30mm 圆柱面的圆柱度公差为 0.04mm。

（3）整个零件的轴线必须位于直径为 0.03mm 的圆柱面内。

4. 改正题图 2-3 中几何公差标注的错误（不改变公差项目）。

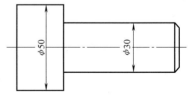

题图 2-2　标注几何公差代号（二）

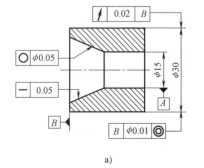

a)

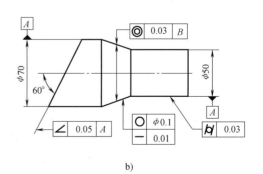

b)

题图 2-3　改正几何公差标注的错误

5. 试解释题图 2-4 中注出的各项几何公差（说明被测要素、基准要素、公差带形状和大小）。

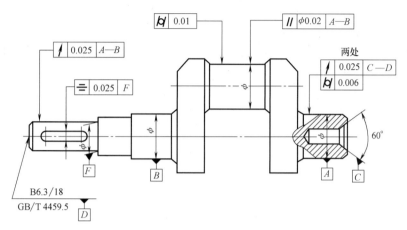

题图 2-4　解释几何公差

【素养教育】直通车 3：

　　知识点滴——我国大飞机制造业的发展，培养学生科技报国的家国情怀和工匠精神。

项目三

零件表面结构参数与检测

【项目描述】

本项目主要通过表面粗糙度比较样块和光切显微镜检测零件的表面质量，使学生掌握用表面粗糙度比较样块和光切显微镜检测零件表面结构参数的方法、步骤及数据处理方法。

任务一　用表面粗糙度比较样块检测零件表面结构参数

【知识目标】

1. 理解表面结构的评定参数。
2. 掌握表面结构的图形符号及标注方法。

【技能目标】

能正确使用表面粗糙度比较样块检测零件的表面质量。

【素养目标】

通过学习表面结构参数，激发学生的专业兴趣，鼓励学生紧跟时代脉搏，勇于担当，努力奋斗。

【任务描述】

图 3-1 所示是一组在车床、铣床上加工的零件。要求在车间的生产环境下，方便、快捷、合理地检测这些零件是否符合技术要求。

【任务分析】

常用表面结构参数的检测方法有比较法、光切法、干涉法和感触法。由于比较法简单易行，适合在车间使用，所以本任务重点介绍用比较法检测中、低精度的零件。

【相关知识】

本内容主要依据 3 项我国现行的有关表面结

图 3-1　零件

构的国家标准编写，即 GB/T 3505—2009《产品几何技术规范（GPS）　表面结构　轮廓法　术语、定义及表面结构参数》、GB/T 1031—2009《产品几何技术规范（GPS）　表面结构　轮廓法　表面粗糙度参数及其数值》、GB/T 131—2006《产品几何技术规范（GPS）　技术产品文件中表面结构的表示法》。

1. 表面结构的评定参数

经过机械加工获得的零件表面，存在的由较小间距和峰谷组成的微观形状误差称为表面粗糙度。

（1）基本术语

1）取样长度（lr）：在 X 轴方向判别被评定轮廓不规则特征的长度，如图 3-2 所示。

2）评定长度（ln）：用于判别被评定轮廓的 X 轴方向上的长度，它可以包括一个或几个取样长度。

3）中线：具有几何轮廓形状并划分轮廓的基准线。

（2）表面结构的评定参数　国家标准规定，评定表面粗糙度的轮廓参数有幅度参数、间距参数和混合参数。

1）幅度参数。

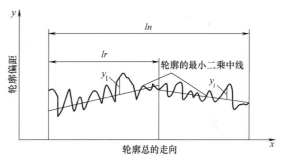

图 3-2　取样长度、评定长度和中线

① 轮廓的算术平均偏差 Ra：在一个取样长度内纵坐标值 $Z(x)$ 绝对值的算术平均值，如图 3-3 所示。其表达式为

$$Ra = \frac{1}{lr}\int_0^{lr} \mid Z(x) \mid \mathrm{d}X$$

国家标准规定的 Ra 的数值见表 3-1。

表 3-1　Ra 的数值（GB/T 1031—2009）

Ra				
	0.012	0.2	3.2	
	0.025	0.4	6.3	50
	0.05	0.8	12.5	100
	0.1	1.6	25	

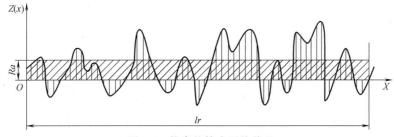

图 3-3　轮廓的算术平均偏差

② 轮廓的最大高度 Rz：在一个取样长度内，最大轮廓峰高 Zp 和最大轮廓谷深 Zv 之和，如图 3-4 所示。其表达式为

$$Rz = Zp + Zv$$

国家标准规定的 Rz 的数值见表 3-2。

Ra、Rz 参数值与取样长度 lr 值的对应关系见表 3-3。

表 3-2　*Rz* 的数值（GB/T 1031—2009）

Rz	0.025	0.4	6.3	100	1600
	0.05	0.8	12.5	200	
	0.1	1.6	25	400	
	0.2	3.2	50	800	

表 3-3　*Ra*、*Rz* 参数值与取样长度 *lr* 值的对应关系（GB/T 1031—2009）

Ra/μm	*Rz*/μm	*lr*/mm	*ln*/mm（*ln* = 5*lr*）
≥0.008~0.02	≥0.025~0.10	0.08	0.4
>0.02~0.1	>0.10~0.50	0.25	1.25
>0.1~2.0	>0.50~10.0	0.8	4.0
>2.0~10.0	>10.0~50.0	2.5	12.5
>10.0~80.0	>50.0~320.0	8.0	40.0

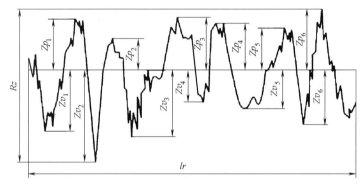

图 3-4　轮廓的最大高度

2）间距参数：轮廓单元的平均宽度 *Rsm* 是在一个取样长度内轮廓单元宽度 *Xs* 的平均值，如图 3-5 所示。其表达式为

$$Rsm = \frac{1}{m} \sum_{i=1}^{m} Xs_i$$

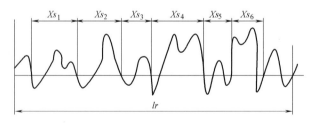

图 3-5　轮廓单元的平均宽度

3）混合参数：评定轮廓的均方根斜率，其是在取样长度内纵坐标斜率 d*Z*/d*X* 的均方根值。

2. 表面结构的图形符号及标注

（1）表面粗糙度的图形符号　表面粗糙度的图形符号见表 3-4。

表 3-4 表面粗糙度的图形符号

符号类型	含义	图形符号
基本图形符号	指对表面结构有要求的图形符号,仅用于简化代号标注,若没有补充说明,则不能单独使用	√
扩展图形符号	指定表面是用去除材料的方法获得的,如通过车、铣、钻、磨、电加工等获得的表面	▽
	指定表面是用不去除材料的方法获得的,如通过铸、锻、冲压变形、热轧、粉末冶金等获得的表面	◌▽
完整图形符号	在基本图形符号和扩展图形符号的长边上加一横线,用于标注有关参数和说明	
视图上封闭轮廓的各表面有相同的表面结构要求时的符号	在基本图形符号和扩展图形符号上均加一小圆,表示在图样某个视图上构成封闭轮廓的所有表面具有相同的表面结构要求	

（2）表面结构的代号 为明确表面结构要求，除标注表面结构参数和数值外，必要时应标注补充要求。补充要求包括传输带、取样长度、加工工艺、表面纹理及方向、加工余量等，如图 3-6所示。

位置 a 处标注次序为：上限或下限符号、传输带、取样长度、参数代号、评定长度、极限值。在参数代号和极限值之间应插入空格，传输带或取样长度后应有一斜线"/"，见示例 1 和示例 2。

极限值判断规则有 16% 规则和最大规则。16% 规则是默认规则，若遵守最大规则，则参数代号后应加"max"，见示例 3。

位置 b 处标注第二个表面结构要求，见示例 4。

位置 c 处标注加工方法、表面处理、涂层和其他工艺要求，见示例 4。

位置 d 处标注表面纹理和纹理方向，见示例 4。

位置 e 处标注加工余量（单位为 mm），见示例 5。

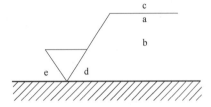

图 3-6 表面结构要求的注写位置
a—表面结构的单一要求 b—第二个表面结构要求
c—加工方法 d—表面纹理和方向 e—加工余量

示例 1：$\sqrt{}$ $0.008-0.8/Ra\ 3.2$ （传输带标注）

示例 2：$\sqrt{}$ $-0.8/Ra3\ 3.2$ （取样长度标注）

示例 3：$\sqrt{}$ $Rz\ max\ 0.2$ （最大规则标注）

示例 4：$\sqrt{}$ $\frac{铣}{Ra\ 0.8}$ $\perp -2.5/Rz\ 3.2$ （两个表面结构要求、加工方法和表面纹理的标注）

示例 5：$_{3}\sqrt{}$ $0.008-4/Ra\ 50$ $0.008-4/Ra\ 6.3$ （加工余量标注）

（3）表面结构要求在图样上的标注 表面结构要求在图样上的标注见表 3-5。

表 3-5　表面结构要求在图样上的标注

说　明	图　例
表面结构要求可标注在可见轮廓线或其延长线上,符号的尖端必须从材料外指向表面,读数的注写方向与尺寸线一致	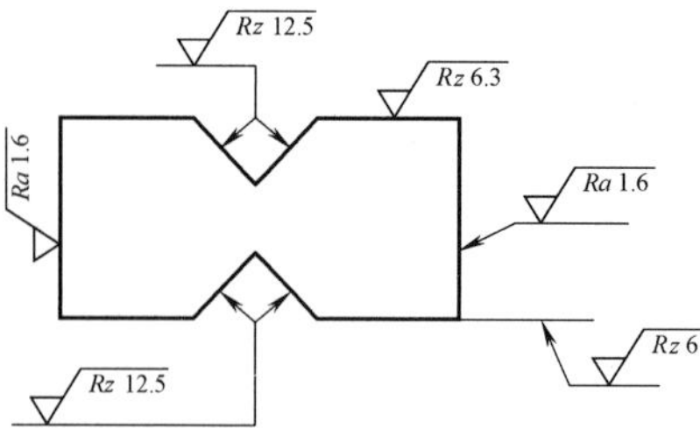
当被测表面很小时,表面结构要求也可用带箭头或黑点的指引线标注,表面结构要求也可标注在几何公差框格的上方	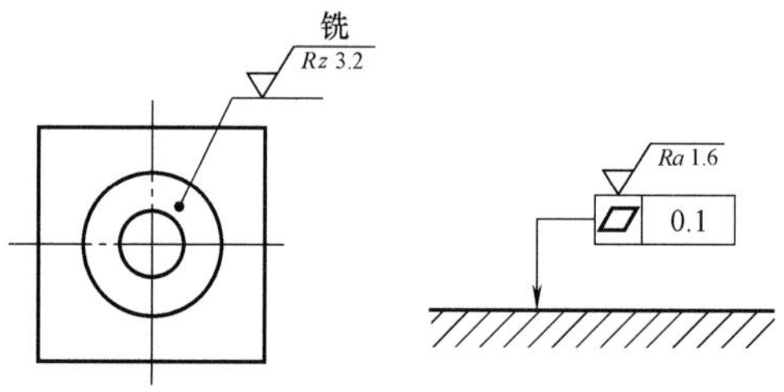
圆柱和棱柱的表面结构要求只标注一次	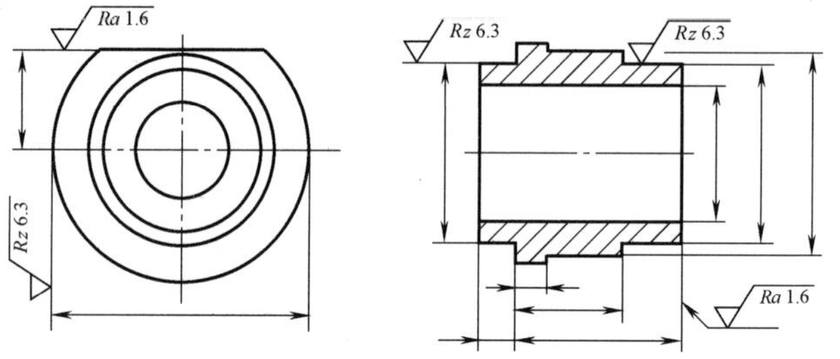
如果零件的多数表面有相同的表面结构要求,那么可统一标注在图样的标题栏附近。此时(除了全部表面有相同要求时),表面结构要求的符号后面应在小括号内给出无任何其他标注的基本符号	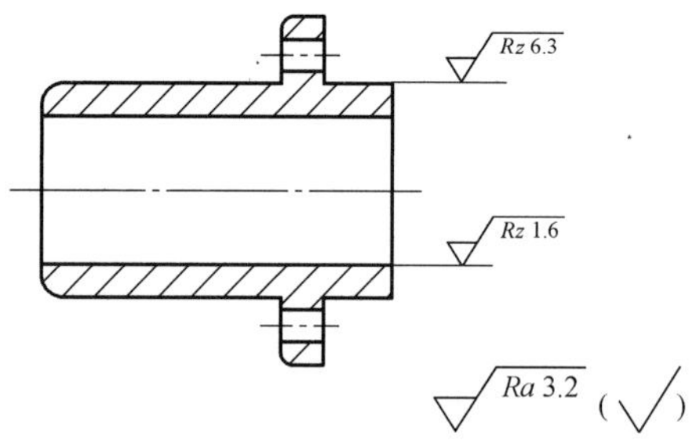

3. 表面粗糙度比较样块

　　表面粗糙度比较样块是用来检查表面粗糙度的一种工作量具,如图 3-7 所示,通常用于表面粗糙度要求不高的表面。

　　使用方法是以表面粗糙度比较样块工作面的表面粗糙度为标准,凭触觉、视觉与被检表面进行比较,判断零件表面粗糙度是否达到要求。

在比较时，所用的表面粗糙度比较样块与被检零件的加工方法应该相同，表面粗糙度比较样块的材料、形状及表面色泽等也要尽可能与被检零件一致。

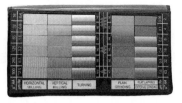

图 3-7　表面粗糙度比较样块

【任务实施】

1. 检测零件

将被检零件表面擦拭干净，并根据零件的加工方法选择合适的表面粗糙度比较样块。用目测和手摸触觉评估零件的表面粗糙度，"这种"方法适用于评估 Ra 的数值在 1 ~ 10μm 的零件（图 3-8）。

2. 评定检测结果

判断的依据是零件加工刀痕的深浅，若被检零件加工刀痕深度不超过表面粗糙度比较样块痕迹的深度，则零件表面的结构参数不超过表面粗糙度比较样块的标称值。将检测结果填写在表面粗糙度参数的检测报告单（表 3-6）中，并做出合格性判定。

图 3-8　用表面粗糙度比较样块检测零件

表 3-6　表面粗糙度参数的检测报告单

数据记录	零件 1	零件 2	零件 3	零件 4
初步判断				
$Ra/\mu m$				
合格性判断				

【知识拓展】

1. 表面粗糙度对零件使用性能的影响

（1）对零件运动表面摩擦和磨损的影响　零件实际表面越粗糙，两个相对运动的表面峰顶间的实际有效接触面积就越小，这会使单位面积上的压力增大，零件运动表面磨损加快。

（2）对配合性质的影响　对于间隙配合，相对运动的表面因粗糙不平而迅速磨损使间隙增大；对于过盈配合，表面轮廓峰顶在装配时容易被挤平，使实际有效过盈量减小，致使连接强度降低。

（3）对耐蚀性的影响　粗糙的表面易使腐蚀性物质存积在表面的微观凹谷处，并渗入金属内部致使腐蚀加剧。

（4）对疲劳强度的影响　零件表面越粗糙，凹痕就越深，当零件承受交变载荷时，对应力集中就会很敏感，从而使疲劳强度降低，最终导致零件表面因产生裂纹而损坏。

2. 表面结构参数值的选用

表面结构参数值的选用原则是：在满足功能要求的前提下，尽量选择较大的表面结构参数值，以减小加工难度，降低生产成本。一般根据经验统计资料，通过类比法来选用，见表3-7。

表3-7　表面结构特征、经济加工方法及应用

表面微观特征		$Ra/\mu m$	$Rz/\mu m$	加工方法	应用举例
粗糙表面	微见刀痕	≤20	≤80	粗车、粗刨、粗铣、钻、毛锉、锯断	半成品粗加工过的表面，非配合的加工表面，如轴端面、倒角、钻孔、齿轮及带轮侧面、键槽底面、垫圈接触面
半光表面	微见加工痕迹	≤10	≤40	车、刨、铣、镗、钻、粗铰	轴上不安装轴承、齿轮处的非配合表面，紧固件的自由装配表面，轴和孔的退刀槽
	微见加工痕迹	≤5	≤20	车、刨、铣、镗、磨、粗刮、滚压	半精加工表面，箱体、支架、盖面、套筒等和其他零件接合面而无配合要求的表面
	看不清加工痕迹	≤2.5	≤10	车、刨、铣、镗、磨、刮、滚压、铣齿	接近于精加工表面，箱体上安装轴承的镗孔表面，齿轮的工作面
光表面	可辨加工痕迹方向	≤1.25	≤6.3	车、镗、磨、刮、精铰、磨齿、滚压	圆柱销、圆锥销，与滚动轴承配合的表面，卧式车床导轨面，内、外花键定心表面
	微辨加工痕迹方向	≤0.63	≤3.2	精铰、精镗、磨、刮、滚压	要求配合性质稳定的配合表面，工作时受交变应力的重要零件，较高精度车床的导轨面
	不可辨加工痕迹方向	≤0.32	≤1.6	精磨、珩磨、研磨、超精加工	精密机床主轴锥孔、顶尖圆锥面、发动机曲轴、凸轮轴工作表面、高精度齿轮齿面
极光表面	暗光泽面	≤0.16	≤0.8	精磨、研磨、普通抛光	精密机床主轴轴径表面、一般量规工作表面、气缸套内表面、活塞销表面
	亮光泽面 镜状光泽面	≤0.08 ≤0.04	≤0.4 ≤0.2	超精磨、精抛光、镜面磨削	精密机床主轴轴径表面、滚动轴承的滚珠、高压液压泵中柱塞孔和柱塞的配合表面
	镜面	≤0.01	≤0.05	镜面磨削、超精研	高精度量仪、量块的工作表面，光学仪器中的金属镜面

1）同一零件上，工作表面的结构参数值比非工作表面的结构参数值小。

2）摩擦表面的结构参数值比非摩擦表面的结构参数值小。

3）相对运动速度高、单位面积压力大、承受交变应力作用的表面对结构参数值要求较高。

4）要求配合性质稳定的小间隙配合和承受重载荷的过盈配合表面对结构参数值要求较高。

5）在确定表面结构参数值时，尺寸公差值和几何公差值越小，表面结构参数值应越

小；当为同一公差等级时，轴比孔的表面结构参数值小。

6）要求耐蚀性、密封性好或外表美观的表面对结构参数值要求较高。

7）与标准件的配合面应按该标准件确定表面结构参数值。

【练习与思考】

1. 表面粗糙度对零件的使用性能有哪些影响？

2. 评定表面粗糙度的幅度参数有哪些？分别论述其含义和代号。

任务二　用光切显微镜检测零件表面结构参数

【知识目标】

了解表面结构参数的检测方法。

【技能目标】

能使用光切显微镜检测零件表面结构参数。

【素养目标】

通过学习光切显微镜，培养学生科技报国的家国情怀和工匠精神，激发学生诚朴创新的使命担当和进取精神。

【任务描述】

图 3-9 所示是一阶梯轴。试检测其表面结构参数，并判断该零件是否符合技术要求。

【任务分析】

通过分析零件图可知，表面粗糙度比较样块的检测精度已不能满足其精度要求，可以选用光切法、干涉法及针描法检测其结构参数，再确定其是否符合技术要求。

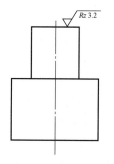

图 3-9　阶梯轴

【相关知识】

1. 表面结构参数检测常用的方法

表面结构参数检测常用的方法见表 3-8。

2. 光切显微镜

（1）光切显微镜的测量原理　光切显微镜是利用光切法来测量表面粗糙度的，其原理如图 3-10 所示。由光源发出的光经过聚光镜 2，穿过狭缝 3 形成带状光束。光束再经物镜 4 以 45° 角射向零件 5，在凹凸不平的表面上呈现出曲折光带，再以 45° 角反射，经物镜 6 到达分划板 7 上。从目镜看到的曲折亮带有两个边界，光带影像边界的曲折程度表示影像的峰谷高度 h'。h' 与表面凸起的实际高度 h 之间的关系为

表 3-8　表面结构参数检测常用的方法

序号	检测方法	适用范围/μm	检测说明
1	样块比较法 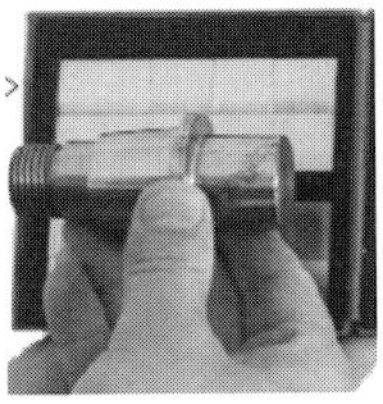 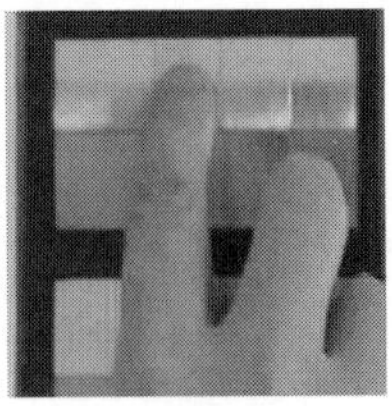 目测　　　　手触觉	直接眼测 $Ra>2.5$ 用放大镜 Ra 为 $0.32\sim0.5$	用标有参数值的表面粗糙度比较样块与被测表面直接比较,借助放大镜、显微镜等工具,凭触觉、视觉来评估零件是否合格。这种方法简单易行,但误差较大,适用于生产现场
2	光切法  光切显微镜	Rz 为 $0.5\sim60$	用光切原理确定表面结构参数的方法。检测时,照明镜管发出一条扁平的光带,以 45°角照射在零件表面上,被测表面的轮廓影像反射后形成一条窄细光带,从目镜观测轮廓影像,通过测微装置来测定表面粗糙度的数值
3	干涉法  干涉显微镜	Rz 为 $0.05\sim0.8$	利用光波干涉原理检测表面结构参数的方法。检测时,从目镜观测零件呈现出的峰谷状干涉条纹,用测微装置来检测这些干涉条纹的峰谷弯曲程度,计算出表面粗糙度的数值
4	针描法 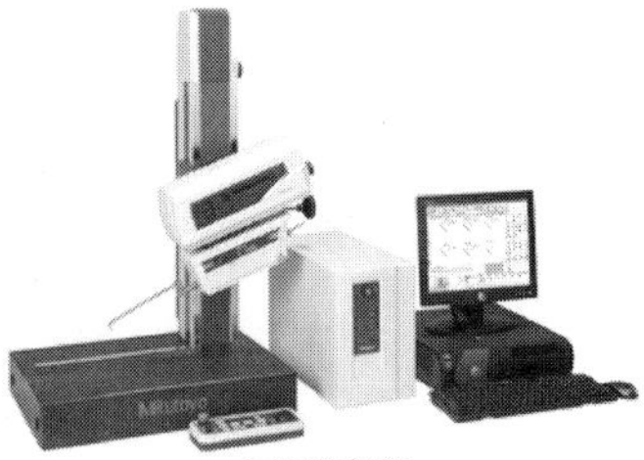 电动轮廓仪	Ra 为 $0.02\sim5$	一种接触式检测表面结构参数的方法。常用的仪器是电动轮廓仪。通过仪器的触针与被测表面的滑移进行检测。既可以直接检测某些用其他方法难以检测到的零件表面,又能直接按某种评定标准读数或描绘出表面轮廓曲线的形状,且检测速度快,结果可靠,操作方便

$$h' = hM/\cos 45°$$

式中　M——物镜 6 的放大倍数。

在目镜视场里,高度 h' 是沿 45°方向测量的,若目镜测微器 9 的读数值为 H,则 h' 与 H 的关系为 $h' = H\cos 45°$,将前后两式代入可得,$h = \dfrac{H\cos 45°}{\sqrt{2M}} = \dfrac{H}{2M}$,令 $\dfrac{1}{2M} = E$,则 $h = EH$。系数 E 作为目镜测微器装在光切显微镜上使用时的分度值。E 值与物镜的放大倍数 M 有关,一般已由仪器说明书给定。

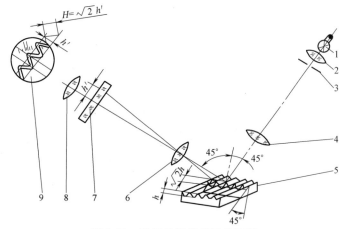

图 3-10　光切显微镜的测量原理

1—光源　2、8—聚光镜　3—狭缝　4、6—物镜　5—零件　7—分划板　9—目镜测微器

（2）光切显微镜的结构　光切显微镜的结构如图 3-11 所示。

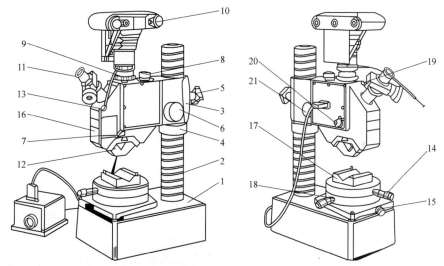

图 3-11　光切显微镜的结构

1—基座　2—立柱　3—横臂　4—手轮　5—横臂紧固螺钉　6—微调手轮　7—手柄　8—照明灯　9—插座
10—摄影装置　11—测微目镜　12—物镜组　13—快门线　14—百分尺　15—工作台紧固螺钉　16—壳体
17—V 形块　18—坐标工作台　19—测微目镜紧固螺钉　20—摄影选择旋钮　21—对焦辅助旋钮

【任务实施】

1. 检测零件

1）参照被测表面粗糙度的估计值，按表 3-9 选择适当放大倍数的物镜并装在仪器上。

2）将被测零件置于工作台上，通过变压器接通电源，如图 3-12 所示。

3）调整仪器（见图 3-11），其步骤如下：

① 松开横臂紧固螺钉 5，转动横臂 3 及手轮 4，使镜头对准被测量表面上方，然后锁紧横臂紧固螺钉 5。

表 3-9　物镜选择表

物镜放大倍数	分度值 $E/\mu m$	目镜视场直径/mm	可测范围
			$Rz/\mu m$
7	1.28	2.5	32~125
14	0.63	1.3	8~32
30	0.29	0.6	2~8
60	0.16	0.3	1~2

② 调节微调手轮 6，上下移动壳体 16，使目镜视场中出现加工痕纹。

③ 转动工作台，使加工痕纹与投射在工作表面上的光带垂直，然后交错调整微调手轮 6、对焦辅助旋钮 21，直到获得最清晰的光带为止。

④ 松开测微目镜紧固螺钉 19，转动目镜，使目镜中的十字线的水平线与光带大致平行。

图 3-12　检测零件 Rz 值

⑤ 移动目镜测微器，使十字线的水平线分别与光带上边缘轮廓的最高峰顶和最深谷底相切，从刻度筒中读出峰和谷的数值 $h_峰$、$h_谷$ 如图 3-13 所示。

4）纵向移动工作台，如图 3-14 所示，按上述步骤在评定长度内，测出其余几个取样长度的 $h_峰$、$h_谷$ 的值，带入公式计算得出被测表面的 Rz 值。

$$Rz = E\frac{\sum h_峰 - \sum h_谷}{5}$$

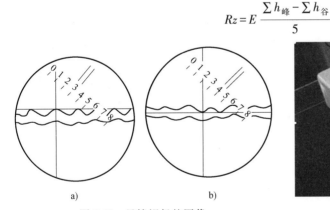

a)　　　　　　　　　b)

图 3-13　目镜视场的图像

a）瞄峰顶　b）瞄谷底

图 3-14　移动光切显微镜工作台

2. 评定检测结果

将检测结果填写在表面粗糙度检测报告单（表 3-10）中。若 Rz 的测量值小于图样上的标注值，则零件合格；若 Rz 的测量值大于图样上的标注值，则零件不合格。

【工程实例】直通车 3：

这个视频主要介绍表面粗糙度设计实例分析。

手机微信扫描右侧二维码来观看学习吧。

表 3-10　表面粗糙度检测报告单

取样长度 lr/mm			实测 $Rz/\mu\mathrm{m}$
读数（格）			
五个峰高		五个谷深	
$h_{峰1}$		$h_{谷1}$	
$h_{峰2}$		$h_{谷2}$	
$h_{峰3}$		$h_{谷3}$	$Rz = E\dfrac{\left(\sum h_{峰} - \sum h_{谷}\right)}{5}$
$h_{峰4}$		$h_{谷4}$	
$h_{峰5}$		$h_{谷5}$	
$\sum h_{峰}$		$\sum h_{谷}$	
表面质量合格性判定：			

【练习与思考】

1. 表面结构的评定参数 Ra 和 Rz 的含义是什么？

2. 通常情况下，$\phi60$ H7 孔与 $\phi20$ H7 孔相比较，以及 $\phi40$H6/f5 与 $\phi40$H6/s5 中的两个孔相比较，哪个孔应选用较小的表面轮廓参数值？

3. 常用的检测表面结构参数的方法有哪几种？

4. 零件的尺寸精度越高，其表面结构参数值一定越小吗？请举例说明。

5. 解释题图 3-1 中标注的表面结构要求的含义。

6. 将下列要求标注在题图 3-2 上，各加工面均采用去除材料法获得。

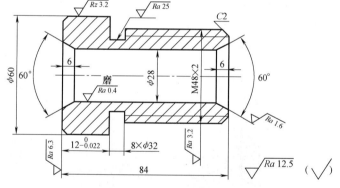

题图 3-1　解释表面结构要求

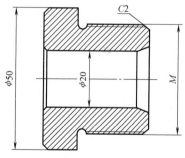

题图 3-2　标注表面结构要求

（1）直径为 $\phi50$mm 的圆柱表面粗糙度 Ra 的允许值为 3.2μm。

（2）左端面的表面粗糙度 Ra 的允许值为 1.6μm。

（3）直径为 $\phi50$mm 的圆柱的右端面的表面粗糙度 Ra 的允许值为 1.6μm。

（4）内孔表面粗糙度 Ra 的允许值为 0.4μm。

（5）螺纹工作面的表面粗糙度 Rz 的最大值为 1.6μm，最小值为 0.8μm。

（6）其余各加工面的表面粗糙度 Ra 的允许值为 25μm。

项目四

标准件的精度与检测

【项目描述】

本项目主要通过普通螺纹、平键的检测等 4 个任务的教学实施，讲述螺纹、键等基本知识和检测方法、数据处理方法，使学生熟练掌握常用标准件的检测原理、方法及合格性判定方法。

任务一　普通螺纹的单项检测

【知识目标】

1. 掌握普通螺纹的主要几何参数和标记方法。
2. 掌握国家标准有关普通螺纹公差等级和基本偏差的规定。
3. 理解作用中径的概念和螺纹合格性的判定原则。

【技能目标】

熟练运用螺纹千分尺对零件进行检测。

【素养目标】

通过学习螺纹的检测，激发学生的爱国热情，厚植家国情怀。

【任务描述】

图 4-1 所示是学生车工实习时加工的零件的零件图，要求对零件螺纹部分的参数进行检测，确定是否符合技术要求。

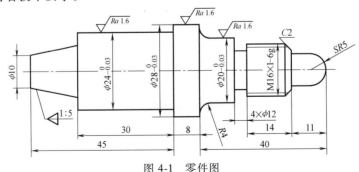

图 4-1　零件图

【任务分析】

螺纹必须满足使用要求，即满足装配过程中的可旋合性和使用过程中的联接可靠性。为确保产品的互换性要求，需要对螺纹进行检测，检测的项目有大径、小径、中径、螺距、牙型角和螺纹旋合长度。由于中径是关键的参数之一，它影响螺纹的旋合性和联接可靠性，本任务重点介绍中径的检测方法。根据图样上的标注计算普通螺纹的主要几何参数，确定螺纹的极限偏差，选择合适的检测方法，运用螺纹千分尺对零件进行检测。

【相关知识】

螺纹的
基础知识

本内容主要依据 3 个我国现行普通螺纹标准编写，即 GB/T 192—2003《普通螺纹　基本牙型》、GB/T 197—2018《普通螺纹　公差》和 GB/T 2516—2003《普通螺纹 极限偏差》。

1. 普通螺纹的主要几何参数

按 GB/T 192—2003 规定，普通螺纹的基本牙型如图 4-2 所示，它是在螺纹轴线平面上，将高度为 H 的原始等边三角形的顶部截去 $H/8$、底部截去 $H/4$ 后形成的。内、外螺纹的大径、中径、小径和螺距等基本几何参数都在基本牙型上定义。

（1）大径（D 或 d）　大径是指与外螺纹牙顶或与内螺纹牙底相重合的假想圆柱面的直径。国家标准规定，将大径的基本尺寸作为螺纹的公称直径。

（2）小径（D_1 或 d_1）　小径是指与外螺纹牙底或内螺纹牙顶相重合的假想圆柱面的直径。

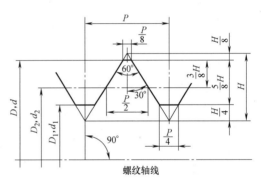

图 4-2　普通螺纹的基本牙型图

外螺纹的大径和内螺纹的小径统称为顶径，外螺纹的小径和内螺纹的大径统称为底径。

（3）中径（D_2 或 d_2）　中径是一个假想圆柱面的直径，该圆柱面的母线位于牙体和牙槽宽度相等处，即 $H/2$ 处。

（4）单一中径（D_{2s} 或 d_{2s}）　单一中径是一个假想圆柱面的直径，该圆柱面的母线位于牙槽宽等于螺距基本尺寸一半处。如图 4-3 所示，单一中径用来表示螺纹中径的实际尺寸。当无螺距偏差时，单一中径与中径相等；有螺距偏差时，单一中径与中径不相等。

（5）螺距 P 和导程 P_h　螺距是指螺纹相邻两牙在中径线上对应两点间的轴向距离；导

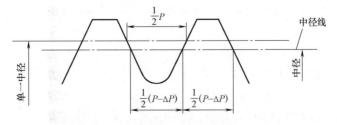

图 4-3　螺纹的单一中径与中径

程是指同一条螺旋线上相邻两牙在中径线上对应两点间的轴向距离。螺距和导程的关系是

$$P_\mathrm{h} = nP$$

式中　n——螺纹线数。

（6）牙型角 α 和牙型半角 $\dfrac{\alpha}{2}$　牙型角是指螺纹牙型上相邻两侧间的夹角；如图 4-4a 所示，米制普通螺纹的牙型角为 60°。牙型半角 $\dfrac{\alpha}{2}$ 是指牙型角的一半，米制普通螺纹的牙型半角为 30°。

（7）牙侧角（α_1、α_2）　牙侧角是在螺纹牙型上牙侧与螺纹轴线的垂线之间的夹角，如图 4-4b 中的 α_1 和 α_2。对于普通螺纹，在理论上，$\alpha = 60°$，$\alpha/2 = 30°$，$\alpha_1 = \alpha_2 = 30°$。

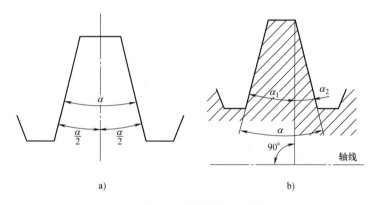

图 4-4　牙型角、牙型半角和牙侧角

（8）原始三角形高度 H　是指原始三角形顶点到底边的垂直距离。原始三角形为一等边三角形，H 与螺纹螺距 P 的几何关系为 $H = \dfrac{\sqrt{3}}{2}P$。

（9）螺纹旋合长度 l_E　是指两个相配合螺纹沿螺纹轴线方向相互旋合部分的长度，如图 4-5 所示。

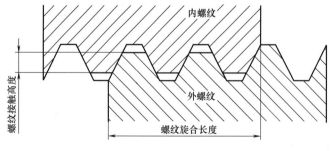

图 4-5　螺纹旋合长度

在实际工作中，如需要求某螺纹（已知公称直径即大径和螺距）中径、小径尺寸时，可根据基本牙型进行计算

$$D_2(d_2) = D(d) - 2 \times \frac{3}{8}H = D(d) - 0.6495P$$

$$D_1(d_1) = D(d) - 2 \times \frac{5}{8} H = D(d) - 1.0825P$$

2. 普通螺纹的标记

完整的螺纹标记由螺纹特征代号、尺寸代号、公差带代号、螺纹旋合长度代号、螺纹旋向代号及其他有必要进一步说明的相关信息组成，如图4-6所示。

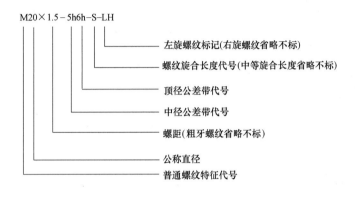

图 4-6　普通螺纹的完整标记

（1）普通螺纹的代号

1）螺纹特征代号：普通螺纹的螺纹特征代号用"M"表示。

2）尺寸代号：单线螺纹的尺寸代号为"公称直径×螺距"，对于粗牙螺纹，螺距可以不标注；多线螺纹的尺寸代号为"公称直径×P_h 导程 P 螺距"。

3）公差带代号：包括中径公差带代号和顶径公差带代号，若两者相同，则只需标注一个。尺寸代号与公差带代号间用短线"–"分开。

4）旋合长度代号：旋合长度分为三组，即短旋合长度组 S、长旋合长度组 L、中等旋合长度组 N（不标注）。公差带代号与旋合长度代号间用短线"–"分开。

5）旋向代号：左旋用"LH"表示，右旋不标注。螺纹旋合长度代号与旋向代号间用短线"–"分开。

（2）螺纹的标注

1）螺纹在零件图上的标注方法如图4-7所示。

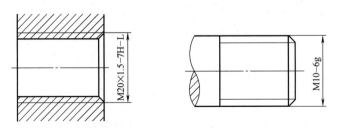

图 4-7　螺纹在零件图上的标注方法

2）螺纹在装配图上的标注方法：表示内、外螺纹配合时，内螺纹公差带代号在前，外螺纹公差带代号在后，中间用斜线分开，如图4-8所示。

3. 普通螺纹的公差与配合

（1）普通螺纹的公差带　GB/T 197—2018《普通螺纹　公差》将螺纹公差带的两个基本要素：公差带大小（公差等级）和公差带位置（基本偏差）进行标准化，组成各种螺纹公差带。螺纹配合由内、外螺纹公差带组合而成。考虑到螺纹旋合长度对螺纹精度的影响，由螺纹公差带与螺纹旋合长度构成螺纹精度，从而形成了比较完整的螺纹公差制，如图 4-9 所示。

国家标准规定了内、外螺纹的公差等级，其值和孔、轴公差值不同，有螺纹公差的系列和数值。普通螺纹公差带的大小由公差值确定，公差值又与螺距和公差等级有关。

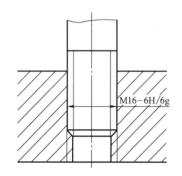

图 4-8　螺纹在装配图上的标注方法

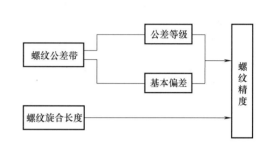

图 4-9　普通螺纹公差制结构

普通螺纹的公差等级见表 4-1。各公差等级中 3 级最高，9 级最低，6 级为基本级。

表 4-1　普通螺纹的公差等级（摘自 GB/T 197—2018）

螺纹直径	公差等级	螺纹直径	公差等级
内螺纹中径 D_2	4,5,6,7,8	外螺纹中径 d_2	3,4,5,6,7,8,9
内螺纹小径 D_1	4,5,6,7,8	外螺纹大径 d	4,6,8

由于外螺纹的小径 d_1 与中径 d_2、内螺纹的大径 D 和中径 D_2 是同时由刀具切出的，其尺寸在加工过程中自然形成，由刀具保证，因此国家标准中对内螺纹的大径和外螺纹的小径均没有规定具体的公差值，只规定内、外螺纹牙底实际轮廓的任何点均不能超过基本偏差所确定的最大实体牙型。同时内螺纹较难加工，因此同样公差等级的内螺纹中径公差比外螺纹中径公差大 32% 左右，以满足工艺等价原则。

螺纹的公差值是由经验公式计算而来的，普通螺纹的中径和顶径公差见表 4-2、表 4-3。

表 4-2　普通螺纹的中径公差（摘自 GB/T 197—2018）

公称直径 D,d/mm		螺距 P /mm	公差等级										
			内螺纹中径公差 T_{D_2}/μm				外螺纹中径公差 T_{d_2}/μm						
>	≤		4	5	6	7	8	3	4	5	6	7	8	9
5.6	11.2	0.75	85	106	132	170	—	50	63	80	100	125	—	—
		1	95	118	150	190	236	56	71	90	112	140	180	224
		1.25	100	125	160	200	250	60	75	95	118	150	190	236
		1.5	112	140	180	224	280	67	85	106	132	170	212	265

（续）

公称直径 D,d/mm		螺距 P /mm	公差等级											
			内螺纹中径公差 T_{D_2}/μm					外螺纹中径公差 T_{d_2}/μm						
>	≤		4	5	6	7	8	3	4	5	6	7	8	9
11.2	22.4	1	100	125	160	200	250	60	75	95	118	150	190	236
		1.25	112	140	180	224	280	67	85	106	132	170	212	265
		1.5	118	150	190	236	300	71	90	112	140	180	224	280
		1.75	125	160	200	250	315	75	95	118	150	190	236	300
		2	132	170	212	265	335	80	100	125	160	200	250	315
		2.5	140	180	224	280	355	85	106	132	170	212	265	335
22.4	45	1	106	132	170	212	—	63	80	100	125	160	200	250
		1.5	125	160	200	250	315	75	95	118	150	190	236	300
		2	140	180	224	280	355	85	106	132	170	212	265	335
		3	170	212	265	335	425	100	125	160	200	250	315	400
		3.5	180	224	280	355	450	106	132	170	212	265	335	425
		4	190	236	300	375	475	112	140	180	224	280	355	450
		4.5	200	250	315	400	500	118	150	190	236	300	375	475

表 4-3　普通螺纹的顶径公差（摘自 GB/T 197—2018）

螺距 P/mm	公差等级							
	内螺纹小径公差 T_{D_1}/μm					外螺纹大径公差 T_d/μm		
	4	5	6	7	8	4	6	8
0.75	118	150	190	236	—	90	140	—
0.8	125	160	200	250	315	95	150	236
1	150	190	236	300	375	112	180	280
1.25	170	212	265	335	425	132	212	335
1.5	190	236	300	375	475	150	236	375
1.75	212	265	335	425	530	170	265	425
2	236	300	375	475	600	180	280	450
2.5	280	355	450	560	710	212	335	530
3	315	400	500	630	800	236	375	600

（2）螺纹公差带的位置和基本偏差　普通螺纹公差带是以基本牙型为零线布置的，所以螺纹的基本牙型是计算螺纹偏差的基准。内、外螺纹的公差带相对于基本牙型的位置，与圆柱的公差带位置一样，由基本偏差来确定。对于外螺纹，基本偏差是上极限偏差 es，对于内螺纹，基本偏差是下极限偏差 EI，则外螺纹下极限偏差 ei = es−T，内螺纹上极限偏差 ES = EI+T（T 为螺纹公差）。

国家标准对内螺纹的中径和小径规定了 H、G 两种公差带位置，以下极限偏差 EI 为基本偏差，由这两种基本偏差所决定的内螺纹的公差带均在基本牙型之上，如图 4-10 所示。

国家标准对外螺纹的中径和大径规定了 a、b、c、d、e、f、g、h 八种公差带位置，如

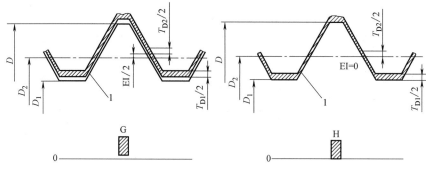

图 4-10　内螺纹的基本偏差

图 4-11 所示。以上极限偏差 es 为基本偏差，由这八种基本偏差所决定的外螺纹的公差带均在基本牙型之下。

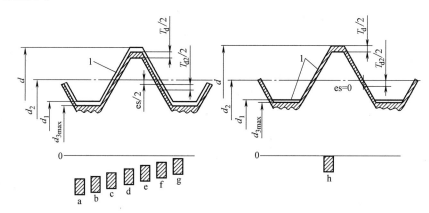

图 4-11　外螺纹的基本偏差

内、外螺纹基本偏差的含义和代号取自《公差与配合》标准中对应的孔和轴，其值见表 4-4。标准中对内螺纹的中径和小径规定采用 G、H 两种公差带位置，对外螺纹大径和中径规定了 a、b、c、d、e、f、g、h 八种公差带位置。

表 4-4　普通螺纹的基本偏差（摘自 GB/T 197—2018）

螺纹	内螺纹		外螺纹							
基本偏差	G	H	a	b	c	d	e	f	g	h
螺距 P/mm	EI/μm		es/μm							
0.75	+22	0	—	—	—	—	−56	−38	−22	0
0.8	+24	0	—	—	—	—	−60	−38	−24	0
1	+26	0	−290	−200	−130	−85	−60	−40	−26	0
1.25	+28	0	−295	−205	−135	−90	−63	−42	−28	0
1.5	+32	0	−300	−212	−140	−95	−67	−45	−32	0
1.75	+34	0	−310	−220	−145	−100	−71	−48	−34	0
2	+38	0	−315	−225	−150	−105	−71	−52	−38	0
2.5	+42	0	−325	−235	−160	−110	−80	−58	−42	0
3	+48	0	−335	−245	−170	−115	−85	−63	−48	0

（3）螺纹旋合长度及其配合精度

1）螺纹旋合长度。国家标准以螺纹公称直径和螺距为基本尺寸，对螺纹联接规定了三组旋合长度：短旋合长度（S）、中等旋合长度（N）和长旋合长度（L），其值可从表4-5中选取。一般情况采用中等旋合长度，其值往往取螺纹公称直径的0.5~1.5倍。

表4-5 螺纹旋合长度（摘自 GB/T 197—2018） （单位：mm）

公称直径 D,d		螺距 P	螺纹旋合长度			
			S	N		L
>	≥		≤	>	≤	>
5.6	11.2	0.75	2.4	2.4	7.1	7.1
		1	3	3	9	9
		1.25	4	4	12	12
		1.5	5	5	15	15
11.2	22.4	1	3.8	3.8	11	11
		1.25	4.5	4.5	13	13
		1.5	5.6	5.6	16	16
		1.75	6	6	18	18
		2	8	8	24	24
		2.5	10	10	30	30

螺纹旋合长度与螺纹精度有关，当公差等级一定时，螺纹旋合长度越长，累积螺距误差越大，加工就越困难。因此，公差相同而螺纹旋合长度不同的螺纹公差等级就不相同。

2）公差精度。GB/T 197—2018将普通螺纹的公差精度分为精密级、中等级和粗糙级三个等级，见表4-6。螺纹公差精度等级的高低代表着螺纹加工的难易程度不同。精密级用于配合性质要求稳定的螺纹；中等级用于一般用途的螺纹；粗糙级用于精度要求不高（即不重要的结构）或制造较困难的螺纹（如在较深的不通孔中加工螺纹），也用于工作环境恶劣的场合。一般以中等旋合长度下的6级公差等级为中等精度的基准。

表4-6 普通螺纹的推荐公差带（摘自 GB/T 197—2018）

公差精度	公差带位置 G			公差带位置 H		
	S	N	L	S	N	L
精密	—	—	—	4H	5H	6H
中等	(5G)	6G *	(7G)	5H *	6H *	7H *
粗糙	—	(7G)	(8G)	—	7H	8H

公差精度	公差带位置 e			公差带位置 f			公差带位置 g			公差带位置 h		
	S	N	L	S	N	L	S	N	L	S	N	L
精密	—	—	—	—	—	—	—	(4g)	(5g4g)	(3h4h)	4h *	(5h4h)
中等	—	6e *	(7e6e)	—	6f *	—	(5g6g)	6g *	(7g6g)	(5h6h)	6h	(7h6h)
粗糙	—	(8e)	(9e8e)	—	—	—	—	8g	(9g8g)	—	—	—

注：其中大量生产的精制紧固螺纹，推荐采用带方框的公差带；带"*"的公差带应优先选用，其次是不带"*"的公差带；括号内的公差带尽量不用。

4. 公差精度的选用

由表4-6中的内、外螺纹的公差带组合可得到多种供选用的螺纹配合，螺纹配合的选用主要根据使用要求来确定。为了保证螺母、螺栓旋合后的同轴度及联接强度，一般选用最小间隙为零的 H/h 配合。为了便于装拆、提高效率及改善螺纹的疲劳强度，可以选用 H/g 或 G/h 配合。对单件、小批量生产的螺纹，可选用最小间隙为零的 H/h 配合。对需要涂镀或在高温下工作的螺纹，通常选用 H/g、H/e 等较大间隙的配合。

5. 螺纹千分尺

螺纹千分尺是应用螺旋副传动原理将回转运动变为直线运动的一种量具。螺纹千分尺属于专用的螺旋测微量具，只能用于测量螺纹中径，其结构如图 4-12 所示。螺纹千分尺具有特殊的测头，测头的形状做成与螺纹牙型相吻合的形状，即一个是 V 形测头，与牙型凸起部分相吻合，另一个为圆锥形测头，与牙型沟槽相吻合。千分尺有一套可换测头，每一对测头只能用来测量一定螺距范围的螺纹。螺纹千分尺适用于低精度要求的螺纹工件的测量。

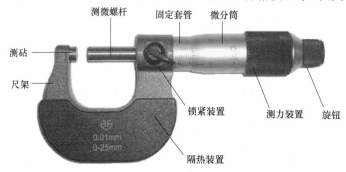

图 4-12　螺纹千分尺

【任务实施】

1. 检测零件

检测外螺纹中径的步骤、图示及说明见表 4-7。

表 4-7　检测外螺纹中径的步骤、图示及说明

步骤	图示	说明
1	选择 0~25mm 的螺纹千分尺规格	据零件图上螺纹的公称直径,选择合适规格的螺纹千分尺。检查螺纹千分尺的测量面上有无锈蚀、碰伤、划痕和裂纹等缺陷
2	选择并安装测头	根据被测螺纹的螺距,选取一对测头,并把测头插入千分尺的测微螺杆和砧座孔内

（续）

步骤	图示	说明
3	校正零位 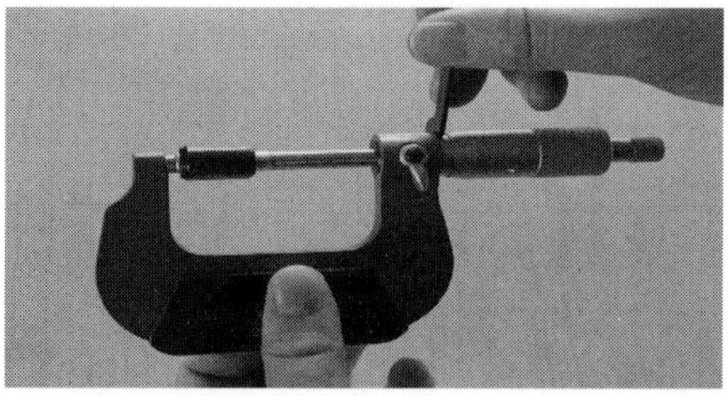 	在圆锥形测头与 V 形测头相接触时,通过微分筒和测砧的调整螺母来校正螺纹千分尺的零位
4	测量并记录  	将被测螺纹放入两测头之间,找正中径部位,旋转棘轮,当听见"嗒嗒"的响声后停止旋转,然后从同一截面相互垂直的方向上测量,读数并记录

2. 评定检测结果

将检测结果填写在外螺纹中径的检测报告单（表4-8）中，取平均值作为螺纹的实际中径，并根据合格条件做出合格性判定。

表 4-8　外螺纹中径的检测报告单

检测项目		M16×1-6g	
参数计算		$d_{2max}=$	$d_{2min}=$
		$d_{max}=$	$d_{min}=$
实测尺寸	1		
	2		
	3		
平均值			
合格性判定			

【知识拓展】

1. 螺纹的分类

（1）普通螺纹　牙型角 $\alpha=60°$，牙型角大，自锁性能好，而且牙根厚、强度高，故多用于联接，如图 4-13a 所示。

（2）矩形螺纹　牙型为正方形，牙厚为螺距的 1/2，传动效率较高，但牙根强度较低，螺纹磨损后造成的轴向间隙难以补偿，对中精度低，且精加工较困难，因此这种螺纹已较少采用，如图 4-13b 所示。

（3）梯形螺纹　牙型为等腰梯形，牙型角 $\alpha = 30°$，对中性好，牙根强度较高，易于加工，广泛应用于螺旋传动中，如图 4-13c 所示。

（4）锯齿形螺纹　工作面的牙侧角为 3°，非工作面的牙侧角为 30°，兼有矩形螺纹传动效率高和梯形螺纹牙根强度高的优点，但只能承受单向载荷，适用于单向承载的螺旋传动，如图 4-13d 所示。

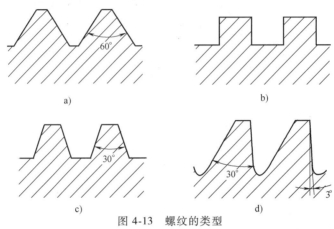

图 4-13　螺纹的类型

a）普通螺纹　b）矩形螺纹　c）梯形螺纹　d）锯齿形螺纹

2. 螺纹实现互换性的条件

判断中径合格性的依据为：实际螺纹的作用中径不允许超出最大实体牙型的中径，任何部位的单一中径不允许超出最小实体牙型的中径。

外螺纹：$\qquad d_{2m} \leqslant d_{2MMS} = d_{2max} \qquad d_{2s} \geqslant d_{2LMS} = d_{2min}$

内螺纹：$\qquad D_{2m} \geqslant D_{2MMS} = D_{2min} \qquad D_{2s} \leqslant D_{2LMS} = D_{2max}$

3. 螺纹其他项目的检测

（1）螺距的检测

1）最简单的方法是用螺纹量规检测。

2）用游标卡尺测量多个牙（如 10 个），将测量出来的总长除以牙数即可，如图 4-14 所示。

3）用白纸在螺纹上印一下，通过测量印出的痕迹来测量螺距。

（2）牙型角的检测　把螺纹样板沿着螺纹轴线的方向嵌入螺旋槽内，用光隙法检测牙型角，如图 4-15 所示。

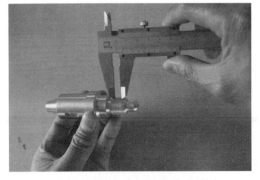

图 4-14　用游标卡尺测外螺纹螺距

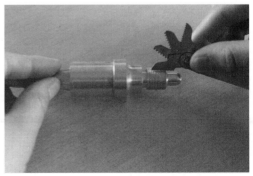

图 4-15　用螺纹样板测外螺纹牙型角

（3）螺纹公称直径的检测 用公法线千分尺测量外螺纹的大径，如图 4-16 所示。

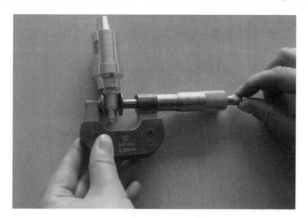

图 4-16 用公法线千分尺测量外螺纹的大径

【练习与思考】

1. 螺纹按用途分为哪三类？

2. 普通螺纹的中径公差分为哪几级？内、外螺纹有何不同，常用的是几级？

3. 试说明下列螺纹标记中各代号的含义。

（1）M8-6H

（2）M6×0.75-5g6g-S-LH

（3）M20×2-6H/5g6g

4. 有一螺纹件，其尺寸要求为 M12×1-6h，加工后测得实际中径为 11.304mm，试判断该螺纹中径的合格性。

任务二 梯形螺纹精度的检测

【知识目标】

1. 掌握梯形螺纹的主要几何参数及标记方法。

2. 理解国家标准有关梯形螺纹公差等级和基本偏差的规定。

【技能目标】

1. 熟练运用三针法检测螺纹。

2. 了解综合检测螺纹的方法。

【素养目标】

通过学习螺纹的综合检测，培养学生诚朴创新的使命担当和进取精神。

【任务描述】

图 4-17 所示是螺纹轴零件图，要求对加工后螺纹轴的螺纹部分进行检测，判定其是否满足技术要求。

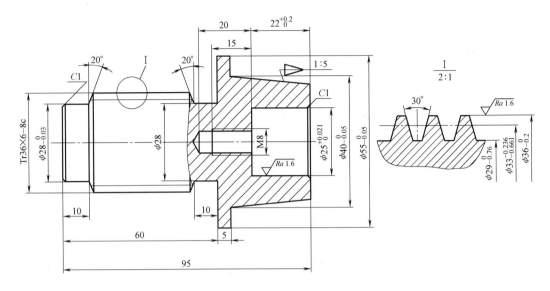

图 4-17 螺纹轴零件图

【任务分析】

1）在螺旋传动中应用最广泛的是梯形螺纹，它可以传递双向运动和精确的位移。根据丝杠传递精确位移的使用要求，主要检测螺距、中径和牙型角。本任务学习梯形螺纹中径的检测方法。

2）根据图样上的标注计算梯形螺纹的主要几何参数，确定螺纹的极限偏差。

3）根据零件的几何参数，选择合适的检测方法，确定检测方案。

4）熟练运用三针法检测螺纹。

【相关知识】

本内容主要按照 4 个我国现行梯形螺纹标准编写，即 GB/T 5796.1—2005《梯形螺纹 第 1 部分：牙型》、GB/T 5796.2—2005《梯形螺纹 第 2 部分：直径与螺距系列》、GB/T 5796.3—2005《梯形螺纹 第 3 部分：基本尺寸》、GB/T 5796.4—2005《梯形螺纹 第 4 部分：公差》。

1. 梯形螺纹的基本参数

（1）基本牙型 梯形螺纹的基本牙型是通过螺纹轴线的截面，按 GB/T 5796.1—2005 规定的削平高度将原始等腰三角形（牙型角为 30°）截去顶部和底部所形成的内、外螺纹共有的牙型，如图 4-18 所示。

（2）设计牙型 其与基本牙型的不同点是：大径和小径间都留有一定间隙，牙顶和牙底给出了制造所需的圆弧，如图 4-19 所示。

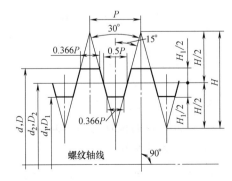

图 4-18 梯形螺纹的基本牙型

外螺纹大径	d
螺距	P
牙顶间隙	a_c
基本牙型高度	$H_1 = 0.5P$
外螺纹牙高	$h_3 = H_1 + a_c = 0.5P + a_c$
内螺纹牙高	$H_4 = H_1 + a_c = 0.5P + a_c$
牙顶高	$Z = 0.25P = H_1/2$
外螺纹中径	$d_2 = d - 2Z = d - 0.5P$
内螺纹中径	$D_2 = d - 2Z = d - 0.5P$
外螺纹小径	$d_3 = d - 2h_3 = d - P - 2a_c$
内螺纹小径	$D_1 = d - 2H_1 = d - P$
内螺纹大径	$D_4 = d + 2a_c$

2. 梯形螺纹的标记

（1）梯形螺纹的代号　完整的梯形螺纹标记由螺纹特征代号、尺寸代号、公差带代号和螺纹旋合长度代号组成，如图 4-20 所示。

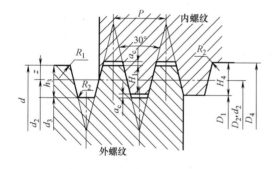

图 4-19　梯形螺纹的设计牙型

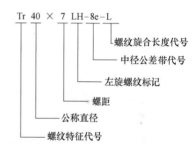

图 4-20　梯形螺纹的完整标记

1）梯形螺纹特征代号用"Tr"表示。

2）尺寸代号。

① 单线螺纹的尺寸代号为"公称直径×螺距"。

② 多线螺纹的尺寸代号为"公称直径×导程（P 螺距）"。

③ 左旋用"LH"表示，右旋不标注。

3）公差带代号：只标注中径公差带代号。尺寸代号与公差带代号间用短线"-"分开。

4）螺纹旋合长度代号：螺纹旋合长度分为两组，即 N、L，当旋合长度组为 N 时不标注。公差带代号与螺纹旋合长度代号间用短线"-"分开。

（2）梯形螺纹的标注　梯形螺纹的标注见表 4-9。

3. 梯形螺纹的公差带

（1）公差带的位置与基本偏差　公差带的位置由基本偏差确定，规定内螺纹的下极限偏差（EI）和外螺纹的上极限偏差（es）是基本偏差。

内螺纹中径 D_2、大径 D_4、小径 D_1 的公差带位置为 H，基本偏差 EI 为 0，如图 4-21 所示。

表 4-9　梯形螺纹的标注

项目	图示	说明
零件图上的标注	Tr40×7-7e	单线螺纹只标注螺距,多线螺纹同时标注导程和螺距
装配图上的标注	Tr40×7-7H/7e	当表示内、外螺纹配合时,内螺纹公差带代号在前,外螺纹公差带代号在后,中间用斜线分开

外螺纹中径 d_2 的公差带位置为 e、c,其基本偏差 es 为负值;外螺纹大径 d、小径 d_3 的公差带位置为 h,其基本偏差 es 为 0,如图 4-22 所示。外螺纹大径和小径的公差带基本偏差为 0,与中径公差带位置无关。

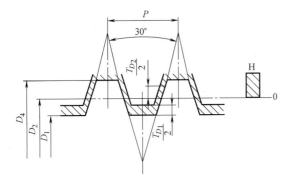

图 4-21　内螺纹公差带的位置

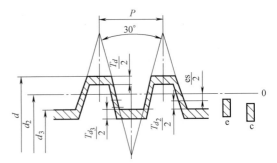

图 4-22　外螺纹公差带的位置

梯形螺纹中径的基本偏差可从表 4-10 中查取。

表 4-10　梯形螺纹中径的基本偏差 （单位：μm）

螺距 P/mm	基本偏差		
	内螺纹中径 D_2	外螺纹中径 d_2	
	H(EI)	c(es)	e(es)
1.5	0	−140	−67
2	0	−150	−71
3	0	−170	−85
4	0	−190	−95
5	0	−212	−106
6	0	−236	−118
7	0	−250	−125
8	0	−265	−132
9	0	−280	−140
10	0	−300	−150

（2）公差带的大小与公差等级　梯形螺纹公差带的大小由公差值决定。梯形螺纹的公差等级见表4-11。内螺纹中径公差见表4-12。外螺纹中径公差见表4-13。

表 4-11　梯形螺纹的公差等级

螺纹直径	公差等级
内螺纹小径 D_1	4
外螺纹大径 d	4
内螺纹中径 D_2	7、8、9
外螺纹中径 d_2	7、8、9
外螺纹小径 d_3	7、8、9

表 4-12　内螺纹中径公差（T_{D_2}）　　　　　　（单位：μm）

基本大径 d/mm		螺距 P/mm	公差等级		
>	≤		7	8	9
5.6	11.2	1.5	224	280	355
		2	250	315	400
		3	280	355	450
11.2	22.4	2	265	335	425
		3	300	375	475
		4	355	450	560
		5	375	475	600
		8	475	600	750
22.4	45	3	335	425	530
		5	400	500	630
		6	450	560	710
		7	475	600	750
		8	500	630	800
		10	530	670	850
		12	560	710	900
45	90	3	355	450	560
		4	400	500	630
		8	530	670	850
		9	560	710	900
		10	560	710	900
		12	630	800	1000
		14	670	850	1060
		16	710	900	1120
		18	750	950	1180

表 4-13　外螺纹中径公差（T_{d_2}）　　　　　　　　（单位：μm）

基本大径 d/mm		螺距 P/mm	公差等级		
>	≤		7	8	9
5.6	11.2	1.5	170	212	265
		2	190	236	300
		3	212	265	335
11.2	22.4	2	200	250	315
		3	224	280	355
		4	265	335	425
		5	280	355	450
		8	355	450	560
22.4	45	3	250	315	400
		5	300	375	475
		6	335	425	530
		7	355	450	560
		8	375	475	600
		10	400	500	630
		12	425	530	670
45	90	3	265	335	425
		4	300	375	475
		8	400	500	630
		9	425	530	670
		10	425	530	670
		12	475	600	750
		14	500	630	800
		16	530	670	850
		18	560	710	900

4. 用三针法测量螺纹中径

（1）三针法的测量原理　用三针法测量螺纹中径属于间接测量，具体方法为：将三根直径相同的量针放在螺纹牙型的沟槽内（图4-23），结合量仪或测微量具测出三根量针外素线之间的距离 M，再根据公式计算出螺纹的单一中径 d_{2s}。

若普通螺纹 $\alpha = 60°$，则 $d_{2s} = M - 3d_0 + 0.866P$。

若梯形螺纹 $\alpha = 30°$，则 $d_{2s} = M - 4.864d_0 + 1.866P$。

（2）最佳量针　三针法的测量精度与所选量具的示值误差和量针本身的误差有关，还与被检螺纹的螺距误差和牙型半角误差有关。为了消除牙型半角误差

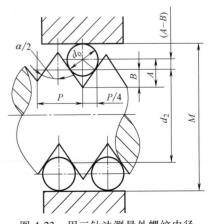

图 4-23　用三针法测量外螺纹中径

对测量结果的影响，应选最佳量针，使它与螺纹牙型侧面的接触点恰好在中径线上，如图4-24所示。

$$d_0(最佳) = \frac{P}{2\cos\dfrac{\alpha}{2}} = \frac{P}{\sqrt{3}}$$

（3）量针　当用三针法测量螺纹中径时，应根据被测螺纹的螺距选用相应公称直径的量针，如图4-25所示。在实际测量中，如果成套的三针中没有所需的最佳量针直径，那么可选择与最佳量针直径相近的三针来测量。

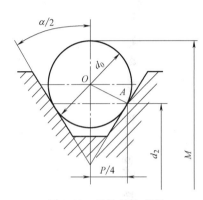

图 4-24　最佳量针直径

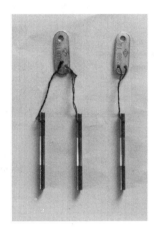

图 4-25　量针

【任务实施】

1. 检测零件

检测梯形螺纹中径的步骤、图示及说明见表4-14。

表 4-14　检测梯形螺纹中径的步骤、图示及说明

步骤	图示	说明
1	选择 25~50mm 的公法线千分尺	根据螺纹的公称直径，选择合适规格的公法线千分尺并检查其测量面上有无影响使用性能的锈蚀、碰伤、划痕和裂纹等缺陷
2	选取最佳直径的量针	根据被测螺纹的螺距，计算并选取最佳直径的量针

（续）

步骤	图示	说明
3	放置三针 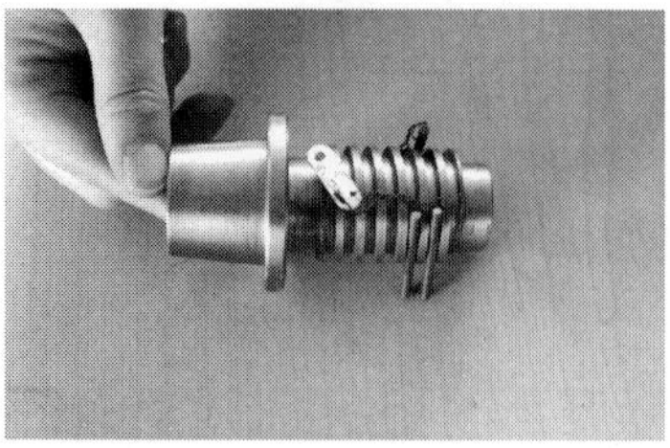 	将选择好的三根量针放置在螺纹两侧相对应的螺旋槽内
4	测量螺纹中径并记录  	用公法线千分尺测出三根量针外素线之间的距离 M，再从同一截面相互垂直的方向上测量 M，读数并记录

2. 评定检测结果

将检测结果填写在梯形螺纹中径的检测报告单（表4-15）中，多测几次取平均值，利用公式 $d_{2s} = M - 4.864d_0 + 1.866P$ 计算出螺纹的单一中径，再根据 $d_{2min} \leqslant d_{2s} \leqslant d_{2max}$ 判断螺纹的合格性。

表4-15 梯形螺纹中径的检测报告单

检测项目	Tr36×6-8c	
参数计算	d_0	
	d_{2min}	
	d_{2max}	
实测 M 值	1	
	2	
	3	
	4	
平均值		
合格性判定		

【知识拓展】

1. 用螺纹量规检测

用螺纹量规检测螺纹的方法及图示见表4-16。

表 4-16　螺纹量规检测螺纹的方法及图示

	工　具	图　示
内螺纹检测	通规　　止规	用止规检测内螺纹　　　用通规检测内螺纹　　在用通规检测合格的内螺纹时,在螺纹旋合长度内螺纹环规应顺利旋合,在用止规检测时仅能旋进 2~3 牙,但不能通过
外螺纹检测	通规　　止规	螺纹环规止规　工件　　螺纹环规通规　工件

2. 用工具显微镜检测

工具显微镜（图 4-26）主要由底座，立柱，工作台，纵、横向千分尺，光学投影系统和显微镜系统等部分组成。

（1）测量中径　测量时先移动显微镜和被测螺纹，使被测牙型的影像进入视场，转动纵向和横向千分尺，使目镜中的虚线与螺纹投影牙型的一侧重合，记下第一次读数，然后将显微镜立柱反向倾斜螺纹升角 φ，转动横向千分尺，使虚线与对面牙型轮廓重合，记下第二次读数，两次读数之差即为螺纹的实际中径。

（2）测量牙型半角　测量时转动纵向和横向千分尺并调节手轮，使目镜中的虚线与螺纹投影牙型的一侧重合，目镜中显示的读数即为牙型半角的数值。

图 4-26　工具显微镜

（3）测量螺距　螺距可以通过测量中径线上相邻两牙间的距离得到，也可测量中径线上数个牙间的距离，用该距离除以牙数，得出螺距平均值。

【练习与思考】

1. 用三针法测量螺纹中径的方法属于哪一种测量方法？为什么要选用最佳直径的量针？

2. 试说明下列螺纹标记中各代号的含义：

（1）Tr40×7

（2）Tr40×14(P7)LH

（3）Tr40×7-7H

（4）Tr40×14(P7)-7H/7e

（5）Tr40×7LH-7e-L

3. 某丝杠标记为 T40×7-7e，若采用三针法检测其中径，试确定最佳量针直径。应将实际中径控制在什么范围内，该丝杠才能合格？

任务三　普通平键精度的检测

【知识目标】

1. 掌握平键联接的公差与配合。

2. 能够根据轴颈和使用要求，选用平键联接的规格参数和联接类型，确定键槽尺寸公差、几何公差和表面粗糙度，并能够在图样上正确标注。

【技能目标】

会检测平键精度。

【素养目标】

通过学习普通平键，培养学生项目管理、自我约束、团队合作和克服困难的精神。

【任务描述】

图 4-27 所示是轴零件图，要求对加工后轴的键槽部分进行检测，判定其是否满足技术要求。

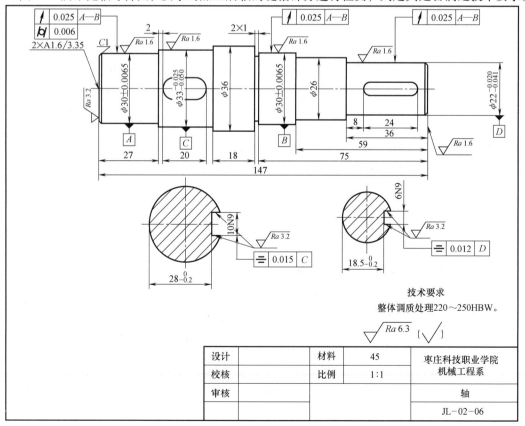

图 4-27　轴零件图

【任务分析】

键和键槽尺寸的检测比较简单，在单件、小批量生产中，键的宽度、高度和键槽宽度、深度等一般用游标卡尺、千分尺等通用计量器具来测量。

【相关知识】

平键联接

本内容主要依据两个我国现行平键标准编写，即 GB/T 1095—2003《平键　键槽的剖面尺寸》和 GB/T 1096—2003《普通型　平键》。

1. 键概述

键又称单键，按其结构形式不同，分为平键、半圆键、切向键和楔键四种。其中平键又分为普通型平键和导向型平键两种。本任务主要讨论平键联接。

平键联接是由键、轴、轮毂三个零件接合，通过键的侧面分别与轴槽、轮毂槽的侧面接触来传递运动和转矩，键的上表面和轮毂槽底面留有一定的间隙。因此，键和轴槽的侧面应有足够大的实际有效面积来承受负荷，并且键嵌入轴槽要牢固可靠，防止松动脱落。所以，键宽和键槽宽 b 是决定配合性质和配合精度的主要参数，为主要配合尺寸，应规定较严的公差；而键长 L、键高 h、轴槽深 t_1 和轮毂槽深 t_2 为非配合尺寸，其精度要求较低。键的上表面和轮毂键槽间留有一定的间隙，以避免影响轴径与轮毂孔径所确定的配合性质。平键联接方式及主要参数如图 4-28 所示。

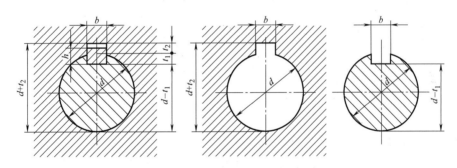

图 4-28　平键联接方式及主要参数

2. 平键联接的公差与配合

平键是标准件。平键联接是键与轴及轮毂三个零件的配合，考虑工艺上的特点，为使不同的配合所用键的规格统一，键采用精拔型钢来制作。国家标准规定键联接采用基轴制配合。

为保证键在轴槽上紧固，同时又便于拆装，轴槽和轮毂槽可以采用不同的公差带，使其配合的松紧不同。GB/T 1095—2003《平键　键槽的剖面尺寸》对平键与键槽和轮毂槽的宽度规定了三种配合种类，即正常联接、紧密联接和松联接，对轴和轮毂的键槽宽各规定了三种公差带。而 GB/T 1096—2003《普通型　平键》对键宽规定了一种公差带 h9，这样就构成了三组配合。其配合尺寸（键与键槽宽）的公差带均从 GB/T 1801—2009《产品几何技术规范（GPS）　极限与配合　公差带和配合的选择》中选取，键宽与键槽宽 b 的公差带如图 4-29 所示。

平键联接的三组配合及其应用见表 4-17。平键键槽的剖面尺寸与公差见表 4-18。平键联接的非配合尺寸中，轴槽深 t_1 和轮毂槽深 t_2 的公差带见表 4-18；矩形普通平键键高 h 的公差带为 h11；键长 L 的公差带为 h14；轴槽长度的公差带为 H14。

3. 平键联接的几何公差及表面粗糙度

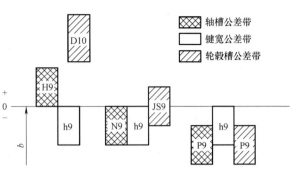

图 4-29　键宽与键槽宽 b 的公差带

为保证键的侧面与键槽之间有足够的接触面积和避免装配困难，应分别规定轴槽和轮毂槽的对称度公差。对称度公差的公称尺寸是键宽 b。根据不同要求和键宽 b，按 GB/T 1184—1996 中的对称度公差的 7~9 级选取。

表 4-17　平键联接的三组配合及其应用

配合种类	尺寸 b 的公差带			应　用
	键	轴槽	轮毂槽	
松联接	h9	H9	D10	用于导向型平键，轮毂在轴上移动
正常联接		N9	JS9	键在轴槽中和轮毂槽中均固定，用于载荷不大的场合
紧密联接		P9	P9	键在轴槽中和轮毂槽中均固定，主要用于载荷较大，载荷具有冲击，以及双向传递转矩的场合

轴槽与轮毂槽的两个工作侧面为配合表面，表面粗糙度 Ra 值取 $1.6~3.2\mu m$。槽底面等为非配合表面，表面粗糙度 Ra 值取 $6.3\mu m$。

4. 平键联接的公差与配合的选用

参见表 4-18，根据轴径确定平键的规格参数。

参见表 4-17，根据平键的使用要求和应用场合来选择键联接的配合种类。

参见表 4-18，确定轴槽、轮毂槽的宽度、深度尺寸和公差。

根据国家标准，确定键槽的几何公差和各表面的表面粗糙度要求。

表 4-18　平键键槽的剖面尺寸与公差（摘自 GB/T 1095—2003）　　（单位：mm）

轴		键　　槽											
公称直径 d	键尺寸 $b×h$	宽度 b						深度				半径 r	
		基本尺寸	极限偏差					轴 t_1		毂 t_2			
			松联接		正常联接		紧密联接						
			轴 H9	毂 D10	轴 N9	毂 JS9	轴和毂 P9	基本尺寸	极限偏差	基本尺寸	极限偏差	最大	最小
自 6~8	2×2	2	+0.025 0	+0.060 +0.020	−0.004 −0.029	±0.0125	−0.006 −0.031	1.2	+0.1 0	1.0	+0.1 0	0.08	0.16
>8~10	3×3	3						1.8		1.4			

（续）

轴		键 槽										
		宽度 b					深度				半径 r	
			极限偏差				轴 t₁		毂 t₂			
公称直径 d	键尺寸 b×h	基本尺寸	松联接		正常联接		紧密联接						
			轴 H9	毂 D10	轴 N9	毂 JS9	轴和毂 P9	基本尺寸	极限偏差	基本尺寸	极限偏差	最大	最小
>10~12	4×4	4	+0.030 0	+0.078 +0.030	0 −0.030	±0.015	−0.012 −0.042	2.5	+0.1 0	1.8	+0.1 0	0.08	0.16
>12~17	5×5	5						3.0		2.3			
>17~22	6×6	6						3.5		2.8		0.16	0.25
>22~30	8×7	8	+0.036 0	+0.098 +0.040	0 −0.036	±0.018	−0.015 −0.051	4.0		3.3			
>30~38	10×8	10						5.0		3.3			
>38~44	12×8	12						5.0		3.3			
>44~50	14×9	14	+0.043 0	+0.120 +0.050	0 −0.043	±0.0215	−0.018 −0.061	5.5	+0.2 0	3.8	+0.2 0	0.25	0.40
>50~58	16×10	16						6.0		4.3			
>58~65	18×11	18						7.0		4.4			
>65~75	20×12	20	+0.052 0	+0.149 +0.065	0 −0.052	±0.026	−0.022 −0.074	7.5		4.9		0.40	0.60
>75~85	22×14	22						9.0		5.4			

注：1. $(d-t_1)$ 和 $(d-t_2)$ 两组合尺寸的极限偏差按相应的 t_1 和 t_2 的极限偏差选取，但 $(d-t_1)$ 的极限偏差应取负号。

2. 在 GB/T 1095—2003 中没有给出相应轴径的公称直径，此表为根据一般受力情况推荐的轴的公称直径值。

5. 图样标注

键槽尺寸和公差的图样标注如图 4-30 所示。

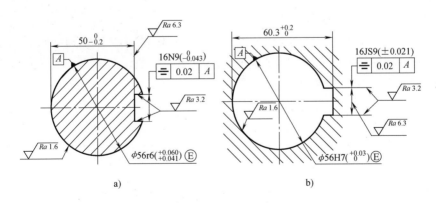

图 4-30　键槽尺寸和公差的图样标注
a）轴槽　b）轮毂槽

【任务实施】

　　键和键槽尺寸的检测比较简单，在单件、小批量生产中，键的宽度、高度和键槽宽度、深度等一般用游标卡尺、千分尺等通用计量器具来测量。

1. 键槽长度的测量

在单件小批量生产时，键槽长度一般采用通用计量器具（如千分尺、游标卡尺等）测量，如图 4-31 所示。

2. 键槽宽度的测量

在单件小批量生产时，键槽宽度一般采用通用计量器具（如千分尺、游标卡尺等）测量，如图 4-32 所示。

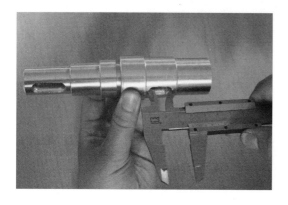

图 4-31　键槽长度的测量

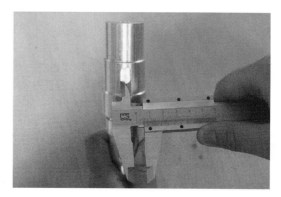

图 4-32　键槽宽度的测量

3. 键槽深度的测量

在单件小批量生产时，一般用游标卡尺或外径千分尺测量键槽深度，如图 4-33 所示。

4. 键槽对称度

在单件小批量生产时，可用图 4-34 所示方法进行检测；在大批量生产时一般用综合量规检测（如光滑极限量规），只要量规通过即为合格。图 4-35a 所示为轮毂槽对称度量规，图 4-35b 所示为键槽对称度量规。

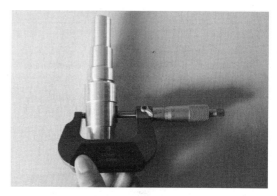

图 4-33　键槽深度的测量

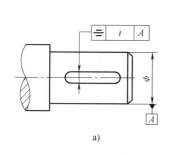

a)

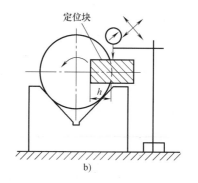

b)

图 4-34　单件小批量生产时键槽对称度误差测量

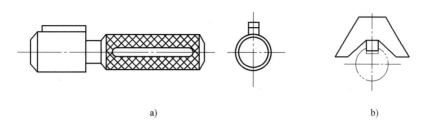

a)   b)

图 4-35 大批量生产时键槽对称度误差的测量

a）轮毂槽对称度量规 b）键槽对称度量规

【练习与思考】

1. 平键联接中，键宽与键槽宽的配合采用的是哪种基准制？为什么？

2. 平键联接的配合种类有哪些？它们分别应用于什么场合？

3. 在平键联接中，为什么要限制键和键槽的对称度误差？

4. 某减速器传递一般转矩，其中某一齿轮与轴之间通过平键联接来传递转矩。已知键宽 $b = 8\text{mm}$，试确定键联接的配合代号，查出其极限偏差值，并作公差带图。

任务四 矩形花键精度的检测

【知识目标】

掌握花键联接的公差与配合。能够根据国家标准规定选用花键联接的配合形式，确定配合精度和配合种类，熟悉花键副和内、外花键在图样上的标注。

【技能目标】

会检测矩形花键精度。

【素养目标】

通过学习矩形花键，引导学生理解通过局部改变、整体提升的人生哲理，激发其自我提升的意识。

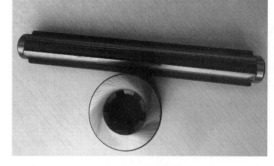

图 4-36 矩形花键

【任务描述】

图 4-36 所示是一对矩形花键，试确定这对矩形花键的剖面尺寸及其公差带、几何公差和表面粗糙度。

【任务分析】

矩形花键的检测分为单项测量和综合检验。在单件、小批量生产中，用通用量具如千分尺、游标卡尺等分别对各尺寸及几何误差进行检测。在成批生产中，用综合量规对花键的尺寸、几何误差按控制最大实体实效边界要求，进行综合检验。

【相关知识】

本内容主要依据 GB/T 1144—2001《矩形花键尺寸、公差和检验》编写。

1. 概述

当传递较大的转矩，定心精度又要求较高时，单键联接满足不了要求，需采用花键联接。花键联接是内、外花键的结合。花键可用作固定联接，也可用作滑动联接。

花键联接与平键联接相比具有明显的优势：孔、轴的轴线对准精度（定心精度）高，导向性好，轴和轮毂上承受的负荷分布比较均匀，因而可以传递较大的转矩，而且其强度高，联接更可靠。

花键按其键齿形状分为矩形花键和渐开线花键两种。本任务讨论应用最广泛的矩形花键。矩形花键分内花键和外花键，如图 4-37 所示。

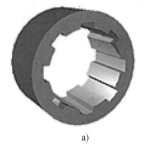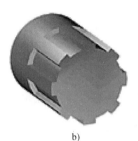

a)   b)

图 4-37　矩形花键

a) 内花键　b) 外花键

2. 矩形花键联接的特点

矩形花键联接由内花键与外花键构成，用于传递转矩和运动。其联接应保证内花键与外花键的同轴度、联接强度和传递强度的可靠性，对要求轴向滑动的联接，还应保证导向精度。

3. 矩形花键的配合尺寸及定心方式

为了便于加工和检测，矩形花键键数 N 规定为偶数（有 6、8、10），键齿均布于圆周。按承载能力，矩形花键分为中、轻两个系列。对同一小径，两个系列的键数相同，键（槽）宽相同，仅大径不相同。中系列的矩形花键承载能力强，多用于汽车、拖拉机等制造业；轻系列的矩形花键承载能力相对弱，多用于机床制造业。矩形花键的公称尺寸系列见表 4-19。

表 4-19　矩形花键的公称尺寸系列（摘自 GB/T 1144—2001）　（单位：mm）

小径 d	轻系列				中系列			
	规格 $N×d×D×B$	键数 N	大径 D	键宽 B	规格 $N×d×D×B$	键数 N	大径 D	键宽 B
23	6×23×26×6	6	26	6	6×23×28×6	6	28	6
26	6×26×30×6	6	30	6	6×26×32×6	6	32	6
28	6×28×32×7	6	32	7	6×28×34×7	6	34	7
32	6×32×36×6	6	36	6	8×32×38×6	8	38	6
36	8×36×40×7	8	40	7	8×36×42×7	8	42	7
42	8×42×46×8	8	46	8	8×42×48×8	8	48	8
46	8×46×50×9	8	50	9	8×46×54×9	8	54	9
52	8×52×58×10	8	58	10	8×52×60×10	8	60	10
56	8×56×62×10	8	62	10	8×56×65×10	8	65	10
62	8×62×68×12	8	68	12	8×62×72×12	8	72	12
72	10×72×78×12	10	78	12	10×72×82×12	10	82	12

矩形花键主要尺寸有小径 d、大径 D、键（槽）宽 B，如图 4-38 所示。

矩形花键联接的接合面有三个，即大径接合面、小径接合面和键侧接合面。要保证三个接合面同时达到高精度的定心作用很困难，也没有必要。实用中，只需以其中之一为主要接

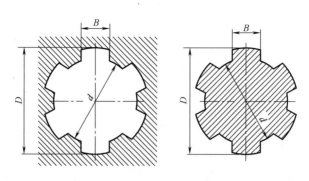

图 4-38 矩形花键主要尺寸

合面，确定内、外花键的配合性质。确定配合性质的接合面称为定心表面。

每个接合面都可作为定心表面，所以矩形花键联接有三种定心方式：小径定心、大径定心和齿侧定心，如图 4-39 所示。

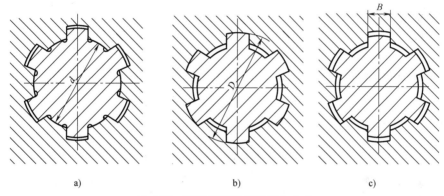

图 4-39 矩形花键联接的定心方式
a）小径定心 b）大径定心 c）齿侧定心

国家标准规定采用小径定心。由于花键接合面的硬度要求较高，需淬火处理，为了保证定心表面的尺寸精度和形状精度，淬火后需要进行磨削加工。从加工工艺性来看，小径便于用磨削方法进行精加工（内花键小径可以在内圆磨床上磨削，外花键小径可用成形砂轮磨削），因此 GB/T 1144—2001 规定采用小径定心，对定心小径 d 采用较小的公差等级；非定心大径 D 采用较大的公差等级，并且非定心直径表面之间留有较大的间隙，以保证它们不接触，从而可获得更高的定心精度，保证花键的表面质量，有利于提高联接质量。

4. 矩形花键的公差与配合

为了减少制造内花键用的拉刀和量具的品种规格，有利于拉刀和量具的专业化生产，矩形花键配合应采用基孔制，即内花键 d、D 和 B 的基本偏差不变，依靠改变外花键 d、D 和 B 的基本偏差，获得不同松紧的配合。

矩形花键配合精度的选择，主要考虑定心精度要求和传递转矩的大小。精密传动用花键联接定心精度高，传递转矩大而且平稳，多用于精密机床主轴变速箱与齿轮孔的联接。一般用花键联接则常用于定心精度要求不高的卧式车床变速箱及各种减速器中轴与齿轮的联接。

配合种类的选择，首先应根据内、外花键之间有无轴向移动，确定是固定联接还是非固定联接。对于内、外花键之间要求有相对移动，而且移动距离长、移动频率高的情况，应选择配合间隙较大的滑动联接，使配合面间有足够的润滑油层，以保证运动灵活（例如汽车、拖拉机等变速器中的齿轮与轴的联接）。对于内、外花键之间有相对移动、定心精度要求高、传递转矩大，或经常有反向转动的情况，则应选择配合间隙较小的紧滑动联接。当内、外花键之间相对固定，无轴向滑动要求时，则选择固定联接。

表 4-20 列出了矩形花键小径 d、大径 D 和键宽 B 的配合，其公差带均选自 GB/T 1800.1—2009。尽管三类配合都是间隙配合，但由于几何误差的影响，其配合普遍比预定的紧些。

表 4-20 内、外花键的尺寸公差带（摘自 GB/T 1144—2001）

用　　途	内花键				外花键			装配型式
	小径 d	大径 D	键宽 B		小径 d	大径 D	键宽 B	
			拉削后不热处理	拉削后热处理				
一般用	H7		H9	H11	f7		d10	滑动
					g7		f9	紧滑动
					h7		h10	固定
精密传动用	H5	H10	H7、H9		f5	a11	d8	滑动
					g5		f7	紧滑动
					h5		h8	固定
	H6				f6		d8	滑动
					g6		f7	紧滑动
					h6		h8	固定

注：1. 精密传动用的内花键，当需要控制键侧配合间隙时，键宽可选 H7，一般情况下可选 H9。

　　2. d 为 H6、H7 的内花键，允许与高一级的外花键配合。

由表 4-20 可以看出，内、外花键小径 d 的公差等级相同，且比相应的大径 D 和键宽 B 的公差等级都高；内、外花键的大径都只有一种尺寸公差带。

5. 矩形花键的几何公差和表面粗糙度

为保证定心表面的配合性质，应对矩形花键规定如下要求：

1）内、外花键定心直径的尺寸公差与几何公差的关系，必须采用包容要求。

2）内（外）花键应规定键槽（键）侧面对定心轴线的位置度公差，如图 4-40 所示，

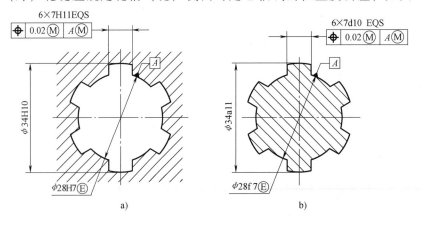

a)　　　　　　　　　　　　b)

图 4-40　矩形花键的位置度公差标注
a）内花键　b）外花键

并采用最大实体要求，用综合量规检验。矩形花键的位置度公差见表 4-21。

表 4-21　矩形花键的位置度公差（摘自 GB/T 1144—2001）　　（单位：mm）

键槽宽或键宽 B		3	3.5~6	7~10	12~18
键槽宽		0.010	0.015	0.020	0.025
键宽	滑动、固定	0.010	0.015	0.020	0.025
	紧滑动	0.006	0.010	0.013	0.016

3）单件小批生产，采用单项测量时，应规定键槽（键）的中心平面对定心轴线的对称度和等分度，并采用独立原则。矩形花键的对称度公差见表 4-22，其标注如图 4-41 所示。

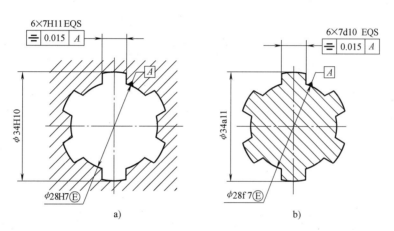

图 4-41　矩形花键的对称度公差标注

a）内花键　b）外花键

表 4-22　矩形花键的对称度公差（摘自 GB/T 1144—2001）　　（单位：mm）

键槽宽或键宽 B	3	3.5~6	7~10	12~18
一般用	0.010	0.012	0.015	0.018
精密传动用	0.006	0.008	0.009	0.011

注：键槽宽或键宽的等分度公差值等于其对称度公差值。

4）对较长的花键可根据性能自行规定键侧对轴线的平行度公差。

5）矩形花键的表面粗糙度 Ra 推荐值：

对于内花键，小径表面为 $1.6\mu m$，大径表面为 $6.3\mu m$，键槽侧面为 $3.2\mu m$。

对于外花键，小径表面为 $0.8\mu m$，大径表面为 $3.2\mu m$，键槽侧面为 $1.6\mu m$。

6. 图样标注

矩形花键规格按 $N×d×D×B$ 的方法表示，如 $8×52×58×10$ 依次表示键数为 8，小径为 52mm，大径为 58mm，键（键槽）宽为 10mm。

矩形花键的标记按花键规格所规定的顺序书写，另需加上配合或公差带代号和标准号。

例如：

内花键　　$6×23H7×26H10×6H11$　GB/T 1144—2001

外花键　　$6×23f7×26a11×6d10$　GB/T 1144—2001

花键副　　$6×23\dfrac{H7}{f7}×26\dfrac{H10}{a11}×6\dfrac{H11}{d10}$　GB/T 1144—2001

![任务实施]

花键的测量分为单项测量和综合测量，也即对定心小径、键宽、大径三个参数进行检验，而每个参数都有尺寸、位置、表面粗糙度的检验。

1. 单项测量

单项测量就是对花键的单项参数，如小径、键宽（键槽宽）、大径等尺寸、位置、表面粗糙度进行检验。单项测量的目的是控制各单项参数的精度。在单件、小批生产时，花键的单项测量通常用千分尺等通用计量器具来完成。在成批生产时，花键的单项测量用光滑极限量规检验，如图 4-42 所示。

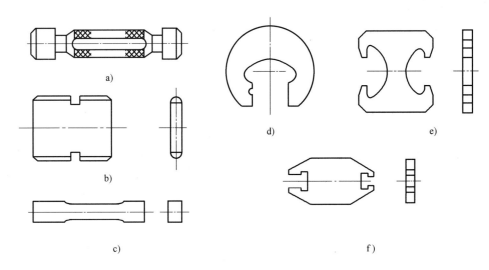

图 4-42 检测花键的极限塞规和卡规

a）检测内花键小径的光滑极限量规 b）检测内花键大径的板式塞规 c）检测内花键槽宽的塞规

d）检测外花键大径的卡规 e）检测外花键小径的卡规 f）检测外花键键宽的卡规

2. 综合测量

综合测量就是对花键的尺寸、几何误差按控制最大实体要求，用综合量规进行检验，如图 4-43 所示。

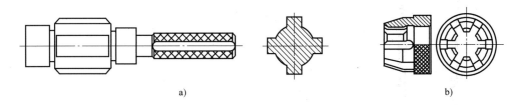

图 4-43 花键的综合量规

a）综合塞规 b）综合环规

花键的综合量规（内花键为综合塞规，外花键为综合环规）均为全形通规，作用是检验内、外花键的实际尺寸和几何误差的综合结果，即同时检验花键的小径、大径、键宽（键槽宽）实际尺寸和几何误差及各键（键槽）的位置误差，大径对小径的同轴度误差等综合结果。对小径、大径和键宽（键槽宽）的实际尺寸是否超出各自的最小实体尺寸，则采用相应的单项止端量规（或其他计量器具）来检测。

综合检测内、外花键时，若综合量规通过，单项止端量规不通过，则花键合格。若综合量规不通过，花键为不合格。

【练习与思考】

1. 矩形花键联接有哪几种定心方式？国家标准规定矩形花键采用何种定心方式？为什么？

2. 花键的主要尺寸参数有哪些？如何选择这些参数？

3. 平键联接的配合采用何种基准制？花键联接采用何种基准制？

4. 某矩形花键联接的标记为：$6 \times 26 \dfrac{H7}{g7}$ $\times 30 \dfrac{H10}{a11} \times 6 \dfrac{H11}{f9}$ GB/T 1144—2001，试确定内、外花键的极限尺寸，并将其尺寸公差分别标注在题图 4-1 上。

5. 在成批大量生产中，花键的尺寸及位置度误差是如何检测的？

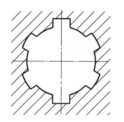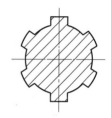

题图 4-1

【1+X 数控车铣加工职业技能等级认证考试模拟题】

1. 键联接配合的主要参数为（　　）。
   A. 键宽　　　　　B. 键槽宽　　　　　C. 键槽深　　　　　D. 轮毂槽宽
2. 矩形花键联接采用的基准制为（　　）。
   A. 基孔制　　　　B. 基轴制　　　　　C. 非基准制　　　　D. 基孔制或基轴制都可
3. 三针测量法中所用的量针直径尺寸（　　）。
   A. 与螺距有关，与牙型角无关　　　　　B. 与螺距无关，与牙型角有关
   C. 与牙型角有关　　　　　　　　　　　D. 与螺距和牙型角都有关
4. 用三针法测量并经过计算求出的螺纹中径是（　　）。
   A. 单一中径　　　B. 作用中径　　　C. 中径基本尺寸　　D. 大径和小径的平均尺寸

【素养教育】直通车5：
　　知识点滴——通过"精度"在港珠澳大桥桥隧工程的价值应用，激发同学们对"精度"这一重要概念的深刻理解，提升专业认同感及民族自豪感。

项目五

圆柱齿轮精度的检测

【项目描述】

本项目通过齿轮测量任务的教学实施和训练，使学生熟练掌握齿轮参数的单项测量、综合测量及测量方法选择、测量步骤及所用仪器的使用、零件的合格性判断。

【知识目标】

1. 掌握圆柱齿轮的主要几何参数及标记方法。
2. 了解齿轮的精度标准。

【技能目标】

熟练运用游标齿厚卡尺、公法线千分尺检测圆柱齿轮参数。

【素养目标】

通过学习齿轮的检测，引导学生主动实践，努力提升自我，不断积累经验，成为国家未来合格的建设者。

【任务描述】

图 5-1 所示是齿轮零件图，要求检测加工后齿轮的精度和侧隙是否符合技术要求。

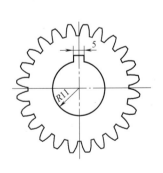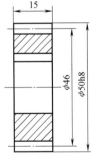

法向模数	m_n	2
齿数	z	23
压力角	α	20°
齿厚及极限偏差	$s\,{}^{E_{sns}}_{E_{sni}}$	$3.142\,{}^{-0.066}_{-0.132}$
精度等级		$8(F_p)$、$7(f_{pt}、F_\alpha、F_\beta)$ GB/T 10095.1—2008
单个齿距偏差	f_{pt}	22 μm

图 5-1 齿轮零件图

【任务分析】

1）齿轮是用来传递运动和动力的常用机构，广泛应用于机器、仪器制造业。凡有齿轮传动的设备，其工作性能、承载能力、使用寿命及工作精度等都与齿轮本身的制造精度有密切关系，因此齿轮的检测尤为重要。齿轮的误差项目很多，在验收齿轮时，根据齿轮用途、使用要求和工作条件，在每个公差组中选一项（或几项）进行检测，就可以保障齿轮的精度。本项目重点介绍齿轮齿厚、公法线的检测。

2）根据图样上的标注计算直齿圆柱齿轮的主要几何参数，确定齿厚的极限偏差。

3）根据零件的使用性能，选择合适的检测项目，确定检测方案。

4）熟练运用游标齿厚卡尺、公法线千分尺等工具检测齿轮。

【相关知识】

本内容主要依据 4 个我国现行圆柱齿轮标准编写，即 GB/T 10095.1—2008《圆柱齿轮 精度制 第 1 部分：轮齿同侧齿面偏差的定义和允许值》、GB/T 10095.2—2008《圆柱齿轮 精度制 第 2 部分：径向综合偏差与径向跳动的定义和允许值》、GB/Z 18620.1—2008《圆柱齿轮 检验实施规范 第 1 部分：轮齿同侧齿面的检验》、GB/Z 18620.2—2008《圆柱齿轮 检验实施规范 第 2 部分：径向综合偏差、径向跳动、齿厚和侧隙的检验》。

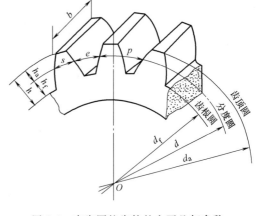

图 5-2　直齿圆柱齿轮的主要几何参数

1. 直齿圆柱齿轮的主要几何参数

直齿圆柱齿轮的 5 个基本参数包括：齿数 z、模数 m、压力角 α、齿顶高系数 h_a^* 和顶隙系数 c^*。当它们均为标准值且分度圆上齿厚等于槽宽时，这种齿轮称为标准齿轮，如图 5-2 所示。

模数	$m=p/\pi=d/z$，取标准值
压力角	$\alpha=20°$
分度圆直径	$d=mz$
齿顶圆直径	$d_a=d+2h_a=m(z+2)$
齿根圆直径	$d_f=d-2h_f=m(z-2.5)$
齿顶高	$h_a=h_a^* m=m$
齿根高	$h_f=(h_a^*+c^*)m=1.25m$
齿高	$h=h_a+h_f=2.25m$
齿距	$p=\pi m$
齿厚	$s=p/2=\pi m/2$
槽宽	$e=p/2=\pi m/2=s$
中心距	$a=m(z_1+z_2)/2$
齿宽	b

2. 圆柱齿轮的精度标准

（1）齿轮的精度等级

1）精度等级。

① GB/T 10095.1—2008 对单个齿轮规定了 13 个精度等级，即 0、1、2、…、12。其中，0 级是最高的精度等级，而 12 级是最低的精度等级。

② GB/T 10095.2—2008 对径向综合总偏差 F_i'' 和一齿径向综合偏差 f_i'' 规定了 9 个精度等级，即 4、5、…、12。

③ 精度等级的选用。齿轮精度等级的选用应根据齿轮的用途、使用要求及工作条件等，采用计算法和类比法来选取。部分机械采用的齿轮精度等级见表 5-1。

表 5-1 部分机械采用的齿轮精度等级

应用范围	齿轮精度等级	应用范围	齿轮精度等级
单啮仪、双啮仪	2~5	货车	6~9
蜗杆减速器	3~5	通用减速器	6~9
金属切削机床	3~8	轧钢机	5~10
航空发动机	4~7	矿用绞车	6~10
内燃机车、电气机车	5~8	起重机	6~9
轻型汽车	5~8	拖拉机	6~10

2）齿轮精度等级的标注。现行国家标准规定，在文件需叙述齿轮精度要求时，应注明 GB/T 10095.1—2008 或 GB/T 10095.2—2008。建议标注如下：

7GB/T 10095.1—2008

该标注表示齿轮检验项目的精度等级相同，均为 7 级精度。

$7F_p$、$6(F_\alpha、F_\beta)$GB/T 10095.1—2008

该标注表示齿轮检验项目的精度等级不同，F_p 为 7 级精度，F_α、F_β 均为 6 级精度。其他标注方法见示例 1 和示例 2。

示例 1：

$7(F_p、f_{pt})、8(F_\alpha、F_\beta)$GB/T 10095.1—2008

示例 2：

$7(F_i''、f_i'')$GB/T 10095.2—2008

齿厚偏差的标注是在齿轮零件图右上角的参数表中标出其公称值和极限偏差。

3）齿轮检测项目的确定。在检测齿轮时，没必要对所有项目进行检测，国家标准规定以下项目不是必检项目：齿廓和螺旋线的形状误差和倾斜偏差（$f_{f\alpha}$、$f_{H\alpha}$、$f_{f\beta}$、$f_{H\beta}$）、切向综合偏差（F_i'、f_i'）、齿距累积偏差（F_{pk}）、径向综合偏差（F_i''、f_i''）与径向跳动公差（F_r）。

在选择齿轮检测项目时，要考虑与齿轮精度、齿轮的规格、生产规模和设备条件相适应。

综上所述，齿轮的必检项目有：齿距累积总偏差 F_p、单个齿距偏差 f_{pt}、齿廓总偏差 F_α、螺旋线总偏差 F_β、齿厚偏差。它们分别控制运动的准确性、平稳性、接触的均匀性和齿轮副侧隙。齿距累积偏差 F_{pk} 用于高速齿轮的检测。

（2）齿轮副的精度 当两个相配合的齿轮工作面接触时，在两个非工作齿面之间必须留有侧隙，以保证齿轮润滑，补偿齿轮的制造误差、安装误差及热变形等造成的误差。

侧隙的大小由中心距及每个齿轮的实际齿厚控制。当中心距不能调整时，用控制齿轮齿厚的方法获得必要的侧隙，称为基准中心距制。

1）中心距偏差。指实际中心距对公称中心距的差。标准齿轮的公称中心距 $a = m_n(z_1 + z_2)/2$。中心距偏差主要影响齿轮副的侧隙，其可参考表 5-2 来选取。

表 5-2　中心距偏差

齿轮精度等级	3~4	5~6	7~8	9~10
f_a	IT6/2	IT7/2	IT8/2	IT9/2

2）侧隙及齿厚偏差的确定。

① 侧隙的确定。法向侧隙 j_{bn} 是指当两个齿轮的工作齿面互相接触时，非工作面之间的最短距离，如图 5-3 所示。

最小法向侧隙 j_{bnmin} 是当一个齿轮的轮齿以最大允许实效齿厚与一个也具有最大允许实效齿厚的相配齿在最紧的允许中心距下相啮合时，在静态条件下存在的最小允许侧隙。

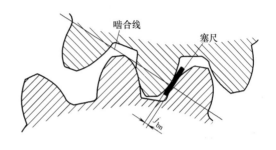

图 5-3　法向侧隙

最小法向侧隙的计算式为

$$j_{bnmin} = 2 \times (0.06 + 0.0005|a_i| + 0.03m_n)/3$$

最小法向侧隙可采用查表法来确定，国家标准推荐的最小法向侧隙见表 5-3。

表 5-3　最小法向侧隙推荐表（GB/Z 18620.2—2008）

m_n/mm	最小中心距 a_i/mm				
	50	100	200	400	800
1.5	0.09	0.11	—	—	—
2	0.10	0.12	0.15	—	—
3	0.12	0.14	0.17	0.24	—
5	—	0.18	0.21	0.28	—
8	—	0.24	0.27	0.34	0.47
12	—	—	0.35	0.42	0.55
18	—	—	—	0.54	0.67

② 齿厚偏差的确定。

a. 齿厚上极限偏差。齿厚上极限偏差 E_{sns} 即齿厚的最小减薄量，它决定了齿轮副的最小侧隙，如图 5-4 所示。

若大、小齿轮的齿数相差不多，则可取 $E_{sns1} = E_{sns2} = -j_{bnmin}/(2\cos\alpha_n)$

b. 齿厚公差。齿厚公差的选择基本上与齿轮精度无关。

$$T_{sn} = \sqrt{F_r^2 + b_r^2}(2\tan\alpha_n)$$

式中　b_r——切齿径向进刀公差，可按表 5-4 选取；

　　　F_r——径向跳动公差，可按表 5-5 选取。

c. 齿厚下极限偏差。齿厚下极限偏差 E_{sni} 影响最大侧

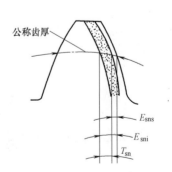

图 5-4　分度圆齿厚的极限偏差

隙，其计算公式为

$$E_{sni} = E_{sns} - T_{sn}$$

表5-4 切齿径向进刀公差 b_r

齿轮精度等级	4	5	6	7	8	9
b_r	1. 26 IT7	IT8	1. 26 IT8	IT9	1. 26 IT9	IT10

表5-5 径向跳动公差 F_r（GB/T 10095.2—2008）

分度圆直径 d/mm	法向模数 m_n/mm	精度等级				
		5	6	7	8	9
		$F_r/\mu m$				
$20 < d \leqslant 50$	$2.0 < m_n \leqslant 3.5$	12	17	24	34	47
	$3.5 < m_n \leqslant 6.0$	12	17	25	35	49
$50 < d \leqslant 125$	$2.0 < m_n \leqslant 3.5$	15	21	30	43	61
	$3.5 < m_n \leqslant 6.0$	16	22	31	44	62
	$6.0 < m_n \leqslant 10$	16	23	33	46	65
$125 < d \leqslant 280$	$2.0 < m_n \leqslant 3.5$	20	28	40	56	80
	$3.5 < m_n \leqslant 6.0$	20	29	41	58	82
	$6.0 < m_n \leqslant 10$	21	30	42	60	85

3. 检验量具

游标齿厚卡尺由垂直游标卡尺和水平游标卡尺两部分组成，如图5-5所示。它们的分度值均为0.02mm，读数方法与游标卡尺相同。因为测量分度圆弦齿厚时是以齿顶圆为定位基准的，所以首先要调整垂直游标卡尺，使其读数等于实际分度圆齿顶高 h_y，然后紧固齿高尺螺母，以使测量时 h_y 不变，将齿高尺的尺面靠在被测齿轮的齿顶上，然后移动水平游标卡尺，使水平游标卡尺的两个量爪卡在分度圆弦齿厚处，再从水平游标卡尺上读得分度圆弦齿厚 $\bar{s}$ 的实测值。

公法线千分尺（图5-6）是机械制造中常用的一种计量器具，用于测量外啮合圆柱齿轮的公法线长度。其读数方法与千分尺完全一样。其结构与千分尺也基本相同，不同之处是将测量面换成了圆盘，圆盘的直径一般为25mm或30mm。其对测量面的平面度、平行度、表面粗糙度要求较高。

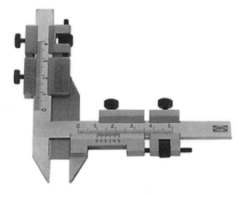

图5-5 游标齿厚卡尺

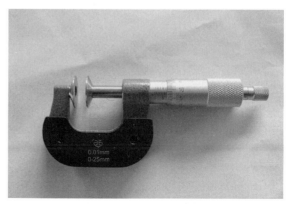

图5-6 公法线千分尺

【任务实施】

1. 准备工作

为控制齿厚减薄量，以获得设计要求的齿轮副侧隙，可以采用齿厚偏差和公法线平均长度偏差这两个评定指标。在实际生产中，大模数齿轮需测量齿厚偏差，中小模数齿轮需测量公法线平均长度偏差。

（1）圆柱齿轮的齿厚　齿厚是指在齿轮分度圆上一个轮齿所占的弧长 $\overset{\frown}{s}$。由于弧长不便于测量，故在实际生产中测量分度圆弦齿厚 $\bar{s}$ 来代替测量弧长 $\overset{\frown}{s}$，如图 5-7 所示。

测量分度圆弦齿厚时，以齿顶圆为定位基准，需要确定分度圆齿顶高 h_y

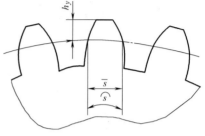

图 5-7　直齿圆柱齿轮的齿厚

$$h_y = m + \frac{zm}{2}\left[1 - \cos\left(\frac{90°}{z}\right)\right]$$

$$\bar{s} = zm\sin\left(\frac{90°}{z}\right)$$

为了使用方便，现将 $\alpha = 20°$、径向变位系数 $x = 0$、模数 $m = 1\text{mm}$ 的直齿圆柱齿轮的公称齿顶高 h_y^* 和弦齿厚 $\bar{s}^*$ 列于表 5-6 中。

表 5-6　$m = 1\text{mm}$、$x = 0$ 时的公称齿顶高和公称弦齿厚

齿数 z	公称弦齿厚 $\bar{s}^*/\text{mm}$	公称齿顶高 h_y^*/mm	齿数 z	公称弦齿厚 $\bar{s}^*/\text{mm}$	公称齿顶高 h_y^*/mm	齿数 z	公称弦齿厚 $\bar{s}^*/\text{mm}$	公称齿顶高 h_y^*/mm
11	1.5655	1.0560	27	1.5699	1.0223	43	1.5704	1.0143
12	1.5663	1.0513	28	1.5700	1.0220	44	1.5705	1.0140
13	1.5670	1.0474	29	1.5700	1.0213	45	1.5705	1.0137
14	1.5675	1.0440	30	1.5701	1.0206	46	1.5705	1.0134
15	1.5679	1.0411	31	1.5701	1.0199	47	1.5705	1.0131
16	1.5683	1.0385	32	1.5702	1.0193	48	1.5705	1.0128
17	1.5686	1.0363	33	1.5702	1.0187	49	1.5705	1.0126
18	1.5688	1.0342	34	1.5702	1.0181	50	1.5705	1.0123
19	1.5690	1.0324	35	1.5703	1.0176	51	1.5705	1.0121
20	1.5692	1.0308	36	1.5703	1.0171	52	1.5706	1.0119
21	1.5693	1.0294	37	1.5703	1.0167	53	1.5706	1.0117
22	1.5695	1.0280	38	1.5703	1.0162	54	1.5706	1.0114
23	1.5696	1.0268	39	1.5704	1.0158	55	1.5706	1.0112
24	1.5697	1.0257	40	1.5704	1.0154	56	1.5706	1.0110
25	1.5698	1.0247	41	1.5704	1.0150	57	1.5706	1.0108
26	1.5698	1.0237	42	1.5704	1.0147	58	1.5706	1.0106

（2）公法线平均长度　公法线长度 W_k 是在基圆柱切平面上跨 k 个齿（对外齿轮）或 k 个齿槽（对内齿轮）在接触到一个齿的右齿面和另一个齿的左齿面的两个平行平面之间测得的距离，如图5-8所示。

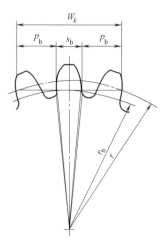

公法线长度偏差（E_{bn}）是指公法线长度的实际值与公称值之差。因此当测量齿轮公法线长度时，首先要确定测量时的跨齿数 k 和公法线长度的公称值 W。直齿圆柱齿轮公法线长度公称值的计算公式为

$$K = z/9 + 1/2 （取整）$$

$$W = \left[1.476 \times (2k-1) + 0.014z \right]$$

公法线长度极限偏差的计算公式为

$$E_{bns} = E_{sns} \cos\alpha_n$$

$$E_{bni} = E_{sni} \cos\alpha_n$$

图 5-8　公法线长度

2. 测量齿厚

计算实际分度圆齿顶高 h_y，将游标齿厚卡尺的垂直游标卡尺调整到 h_y 的值。

将游标齿厚卡尺置于被测齿轮上，使垂直游标卡尺与齿顶相接触，然后移动水平游标卡尺的卡脚，使卡脚靠近齿廓，从水平游标卡尺上读出的就是实际弦齿厚 $\bar{s}$，如图5-9所示。

在齿圈上每隔60°测量一个实际弦齿厚，取其中最大值作为该齿轮的实际弦齿厚 $\bar{s}$。

3. 测量公法线长度

计算跨齿数 k，将公法线千分尺调到比公法线长度的公称值 W 略大，如图5-10所示。

把公法线千分尺测量面插到齿轮的齿槽中，轻轻摆动公法线千分尺，使圆盘靠近齿廓，读出的数值即为该齿轮公法线的实际长度，如图5-11所示。

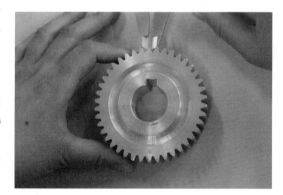

图 5-9　测量弦齿厚

图 5-10　计算跨齿数

图 5-11　测量公法线长度

在齿圈上每隔60°测量一个实际公法线长度，读数并记录，然后取平均值作为该齿轮的实际公法线长度。

4．评定检测结果

将检测结果填到齿厚、公法线长度检测报告单中，见表5-7。

表5-7　齿厚、公法线长度检测报告单

参数计算	公称弦齿厚 $\bar{s}^*$ =			
	公称齿顶高 $\bar{h}_y^*$ =			
	实际分度圆齿顶高 h_y =			
	跨齿数 k =			
	齿厚上极限偏差 E_{sns} =			
	齿厚下极限偏差 E_{sni} =			
	公法线上极限偏差 E_{bns} =			
	公法线下极限偏差 E_{bni} =			
序号	1	2	3	4
实测齿厚				
实测公法线				
合格性结论				

注：1. 根据 $\bar{s}^* + E_{sni} \leqslant \bar{s} \leqslant \bar{s}^* + E_{sns}$，判断齿厚的合格性。
　　2. 根据 $W_k + E_{bni} \leqslant W \leqslant W_k + E_{bns}$，判断公法线长度的合格性。

【知识拓展】

1．齿轮的使用要求

（1）传递运动的准确性　传递运动的准确性是指齿轮在一转范围内，将最大转角误差限制在一定的范围内，以保证从动轮与主动轮运动协调一致，如图5-12所示。

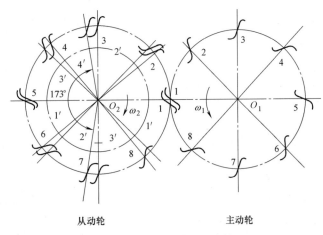

从动轮　　　　　　　　　　　主动轮

图5-12　传递运动的准确性

（2）传动的平稳性　传动的平稳性是指轮齿啮合时瞬时传动比变化稳定或变化不大。瞬时传动比的突然变化会引起齿轮冲击，产生振动和噪声。传动的平稳性用转过一齿产生的

最大转角误差 Δ_φ 表示，如图 5-13 所示。

（3）载荷分布的均匀性　载荷分布的均匀性是指齿轮啮合时，齿面接触良好，载荷分布均匀，从而避免应力集中，减少齿面磨损，提高齿面强度，延长齿轮使用寿命，如图 5-14 所示。

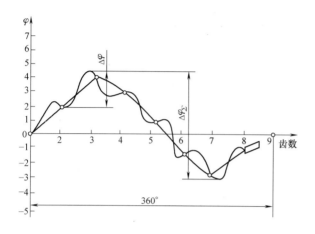

图 5-13　传动的平稳性

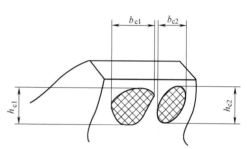

图 5-14　载荷分布的均匀性

（4）合理的传动侧隙　合理的传动侧隙是指齿轮啮合时，非工作齿面间应存在的间隙，用以贮存润滑油，补偿齿轮的制造与安装误差以及热变形等所产生的误差，保证齿轮传动中不出现卡死或烧伤现象，如图 5-15 所示。

2. 圆柱齿轮精度的评定指标及检测

（1）轮齿同侧齿面偏差

1）齿距偏差。

① 单个齿距偏差 f_{pt}。

② 齿距累积偏差 F_{pk}。

③ 齿距累积总偏差 F_p。

用齿距比较仪测齿距偏差，如图 5-16 所示。

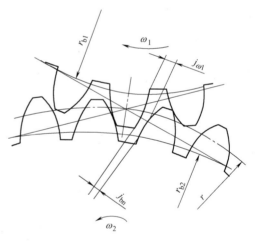

图 5-15　传动侧隙

2）齿廓偏差。

① 齿廓总偏差 F_α。

② 齿廓形状偏差 $f_{f\alpha}$。

③ 齿廓倾斜偏差 $f_{H\alpha}$。

3）切向综合偏差。

① 切向综合总偏差 F_i'。

② 一齿切向综合偏差 f_i'。

4）螺旋线偏差。

① 螺旋线总偏差 F_β。

② 螺旋线形状偏差 $f_{f\beta}$。

③ 螺旋线倾斜偏差 $f_{H\beta}$。

（2）径向综合偏差和径向跳动公差

1）径向综合偏差：用双啮仪测径向综合偏差，如图 5-17 所示。

① 径向综合总偏差 F_i''。

② 一齿径向综合偏差 f_i''。

2）径向跳动公差 F_r。

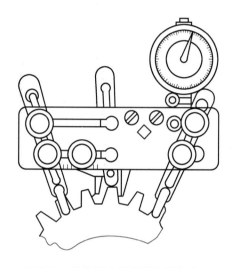

图 5-16　用齿距比较仪测齿距偏差

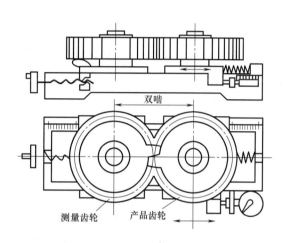

双啮

测量齿轮　产品齿轮

图 5-17　用双啮仪测径向综合偏差

【练习与思考】

1. 计算图 5-1 中齿轮的各项基本参数。

2. 齿轮传动的四项使用要求是什么？

3. 评定齿轮传递运动准确性的指标有哪些？

4. 规定侧隙的目的是什么？对单个齿轮来讲，可用哪两项指标控制侧隙？

5. 有一对齿轮副，模数 $m = 3mm$，压力角 $\alpha = 20°$，小齿轮 $z_1 = 26$，大齿轮 $z_2 = 54$，齿宽 $b = 20mm$，圆周速度 $v = 6.4m/s$，小批量生产。请查有关表格，对小齿轮进行精度设计，并画出小齿轮零件图。

【素养教育】直通车 6：

　　安全警示——通过典型质量安全事故，结合工艺规范及测量操作规程，培养学生严谨认真的工作态度，增强产品质量安全意识教育。

项目六

机械零件的综合检测

【项目描述】

本项目通过对减速器输出轴的尺寸精度、几何精度和表面结构要求进行检测来实施教学，使学生熟练掌握轴类零件的检测方法、检测步骤及所用仪器的使用方法。

【知识目标】

1. 掌握零件图中尺寸公差、几何公差和表面结构的标注方法。
2. 了解三坐标测量仪的分类、工作原理及组成。

【技能目标】

1. 能正确识读、分析零件图。
2. 能根据零件的精度，正确选择测量工具。
3. 能独立检测减速器输出轴并正确判定其加工质量。

【素养目标】

通过学习机械零件的综合检测，提升学生零件检测的综合能力和创新意识，培养学生运用科学知识解决复杂零件检测的能力。

【任务描述】

图 6-1 所示是一根在线生产的一级直齿圆柱齿轮减速器的输出轴零件图。图 6-2 所示为减速器输出轴实物图。要求对加工后的主轴各部分进行检测，确定其是否符合技术要求。

【任务分析】

轴类零件大多为回转类细长型零件，可以由圆柱、圆锥和球等回转体同轴组合而成，其作用是安装、支承回转零件并传递运动和动力。

由于组成轴类零件的回转体都处于同一旋转轴上，通常由车床车削加工制成，因此其主要检测技术要求为：尺寸检测主要是径向直径尺寸的检测，轴向尺寸精度要求一般较低，若需要检测，则用加长游标卡尺检测即可；其几何精度检测主要是径向圆跳动、轴径部位的圆柱度和同轴度等精度检测；此外，光轴外圆表面结构也是重点检测的部分。

1. 零件的精度分析

（1）尺寸精度　如图 6-1 所示，轴的尺寸精度要求较高的部位有外圆柱面和键槽。

输出轴上两端尺寸为 $\phi(30\pm0.0065)\,\text{mm}$ 的轴段与两个规格相同的轴承内圈配合，其公

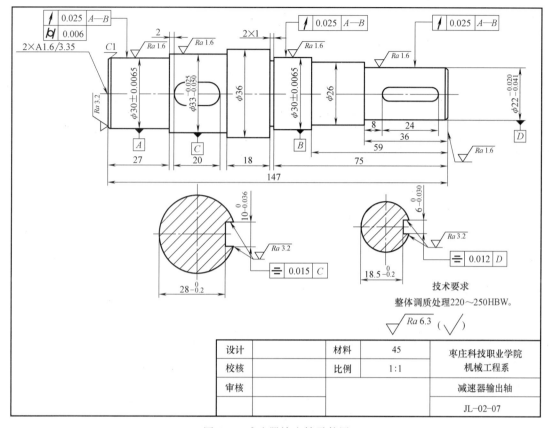

图 6-1　减速器输出轴零件图

图 6-2　减速器输出轴实物图

差 $T_s = \text{es} - \text{ei} = [(+0.0065) - (-0.0065)]\text{mm} = 0.013\text{mm}$，查表 1-3 确定其精度为 IT6；尺寸为 $\phi 33^{-0.025}_{-0.050}\text{mm}$ 的轴段与齿轮基准孔配合，其公差 $T_s = \text{es} - \text{ei} = [(-0.025) - (-0.050)]\text{mm} = 0.025\text{mm}$，查表 1-3 确定其精度为 IT7；尺寸为 $\phi 22^{-0.020}_{-0.041}\text{mm}$ 的轴头与减速器外主动齿轮的基准孔配合，其公差为 $T_s = \text{es} - \text{ei} = [(-0.020) - (-0.041)]\text{mm} = 0.021\text{mm}$，查表 1-3 确定其精度为 IT7；直径分别为 $\phi 36\text{mm}$ 和 $\phi 26\text{mm}$ 的两个轴段尺寸精度不高，属于未注公差的尺寸，由一般公差控制。

由图 6-1 可知，轴与轴上的零件采用普通平键联接。尺寸为 $10^{\ 0}_{-0.036}\text{mm}$ 的键槽，其公差 $T_h = \text{ES} - \text{EI} = 0\text{mm} - (-0.036\text{mm}) = 0.036\text{mm}$，查表 1-3 确定其精度为 IT9；尺寸为 $6^{\ 0}_{-0.030}\text{mm}$ 的键槽，其公差 $T_h = \text{ES} - \text{EI} = 0\text{mm} - (-0.030\text{mm}) = 0.030\text{mm}$，查表 1-3 确定其精度为 IT9；另

外，用于控制键槽深度的尺寸是键槽底面距轴外圆柱面的尺寸 $28_{-0.2}^{\ 0}$ mm 和 $18.5_{-0.2}^{\ 0}$ mm，在标准公差数值表中没有与这两个尺寸正好对应的公差等级，其精度介于 IT11～IT12 之间。

（2）几何精度　由于两端尺寸为 $\phi(30\pm0.0065)$ mm 的轴段与轴承内圈配合，所以对其形状精度要求较高，规定其圆柱度公差为 0.006mm，径向圆跳动公差为 0.025mm，即在其外表面任意位置处，径向圆跳动误差均不得超过 0.025mm，基准是由这两个轴段的基准轴线组成的公共基准轴线。

为保证输出轴的使用要求，对两段尺寸为 $\phi(30\pm0.0065)$ mm 的轴及尺寸为 $\phi22_{-0.041}^{-0.020}$ mm 的轴均提出了跳动公差要求，即两段尺寸为 $\phi(30\pm0.0065)$ mm 的轴对公共基准轴线的径向圆跳动公差为 0.025mm，尺寸为 $\phi22_{-0.041}^{-0.020}$ mm 的轴对公共基准轴线的径向圆跳动公差为 0.025mm。

两个键槽的中间平面对基准轴线的对称度公差分别为 0.015mm 和 0.012mm。

（3）表面结构要求　在尺寸精度较高的圆柱表面上均有表面结构要求。两段尺寸为 $\phi(30\pm0.0065)$ mm 的轴，其表面结构参数 Ra 的上限值为 1.6μm，其他轴径表面结构参数 Ra 的上限值为 1.6μm，键槽配合表面结构参数 Ra 的上限值为 3.2μm，其余表面结构参数 Ra 的上限值均为 6.3μm。

减速器输出轴检测项目及要求见表 6-1。

表 6-1　减速器输出轴检测项目及要求

检测项目	检测要求
$\phi(30\pm0.0065)$ mm 轴段	1. 尺寸为 $\phi(30\pm0.0065)$ mm 2. 圆柱度公差为 0.006mm 3. 径向圆跳动公差为 0.025mm 4. 表面结构参数为 $Ra1.6$μm
$\phi33_{-0.050}^{-0.025}$ mm 轴段	1. 尺寸为 $\phi33_{-0.050}^{-0.025}$ mm 2. 表面结构参数为 $Ra1.6$μm
$\phi22_{-0.041}^{-0.020}$ mm 轴段	1. 尺寸为 $\phi22_{-0.041}^{-0.020}$ mm 2. 径向圆跳动公差为 0.025mm 3. 表面结构参数为 $Ra1.6$μm
键槽	1. 键槽宽分别为 $10_{-0.036}^{\ 0}$ mm、$6_{-0.030}^{\ 0}$ mm 2. 键槽底面距轴外圆柱面的尺寸分别为 $28_{-0.2}^{\ 0}$ mm、$18.5_{-0.2}^{\ 0}$ mm 3. 键槽配合面的表面结构参数为 $Ra3.2$μm
未注公差尺寸	1. 对于未注公差尺寸，通过查表选取极限偏差 2. 表面结构参数为 $Ra6.3$μm

2. 检测量具及辅具的选择

根据零件的精度要求，直径尺寸的检测量具选用量程为 0～25mm 或 25～50mm 的千分尺，未注公差的尺寸选用量程为 0～150mm 的游标卡尺，键槽的宽度可将量块直接塞入进行测量；圆柱外表面的径向圆跳动误差的检测量具选用千分表；表面结构参数的检测量具选用表面粗糙度比较样块。

【任务实施】

（1）外圆尺寸的检测

1）选择量具规格：尺寸为 $\phi(30\pm0.0065)$mm 的轴段和 $\phi33_{-0.050}^{-0.025}$mm 的轴段选用量程为 25～50mm 的千分尺，尺寸为 $\phi22_{-0.041}^{-0.020}$mm 的轴段选用量程为 0～25mm 的千分尺，如图 6-3 所示。

2）检测零件：检测应在被测轴上的多个部位、多个方向进行，所测值均不超过极限尺寸才可判定为合格。

图 6-3　用千分尺检测尺寸为 $\phi33_{-0.050}^{-0.025}$mm 的轴段

（2）径向圆跳动误差的检测

1）模拟公共基准轴线：用自定心卡盘夹住零件的一端，零件的另一端用顶尖顶住。

2）安装磁性表座：把千分表安装在磁性表座上，并把磁性表座吸合在平台靠近被测零件位置处，再使千分表测头接触被测零件圆柱面，调整磁性表座使千分表测头轴线垂直于零件轴线，并给予一定的预压力，如图 6-4 所示。

3）检测径向圆跳动误差：轻轻转动被测零件，观察千分表指针的摆动范围并记录；在被测轴上的多个部位重复检测并记录，所测读数均不超过图样所给的公差值才可判定为合格。

（3）圆柱度误差的检测　用千分表在几个不同的径向平面内检测几次，取其中的最大值作为该轴段的圆柱度误差，如图 6-5 所示。

图 6-4　径向圆跳动误差的检测

图 6-5　圆柱度误差的检测

（4）键槽尺寸的检测

1）槽宽的检测：用量块直接塞入键槽进行检测。

2）槽深的检测：将一个尺寸精度较高的垫块（或量块）平置于槽底，用千分尺测量垫块的外露面到对应圆柱面的尺寸，再用实测尺寸减去垫块尺寸得到键槽深度，如图 6-6 所示。

注意：垫块的厚度应略大于键槽深度。

（5）表面结构参数的检测　采用表面粗糙度比较样块与被测零件直接目测或采用触觉

法进行对比，如图 6-7 所示。

图 6-6　槽深的检测

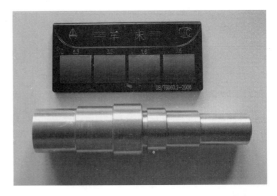

图 6-7　表面结构参数的检测

（6）未注公差尺寸的检测　用游标卡尺直接检测并记录数据，如图 6-8 所示。

减速器输出轴表面结构参数的检测

【知识拓展】

（1）三坐标测量仪的工作原理　三坐标测量仪是指在一个六面体的空间范围内，能够表现几何形状、长度及圆周分度等测量能力的仪器，又称为三坐标测量机或三坐标量床，如图 6-9 所示。其可定义为一种具有可在三个相互垂直的导轨上移动的探测器，此探测器以接触或非接触等方式传递信号，三个轴的位移测量系统（如光栅尺）经数据处理器或计算机等计算出工件的各点（x，y，z）及完成各项测量功能。三坐标测量仪的测量功能应包括尺寸精度、定位精度、几何精度及轮廓精度等。

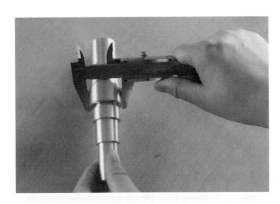

图 6-8　未注公差尺寸的检测

图 6-9　三坐标测量仪

（2）三坐标测量仪的应用领域　三坐标测量仪主要用于机械、航空航天、汽车零部件、五金、模具等行业的轮廓和表面形状尺寸、角度及位置，齿轮、凸轮、蜗轮、蜗杆、叶片、曲线、曲面测量，也可以对工件的尺寸、几何公差进行精密检测，从而完成零件检测、外形测量、过程控制等任务。

（3）三坐标测量仪的分类

1）移动桥式。移动桥式坐标测量仪（图6-10）是当前三坐标测量仪的主流结构。其有沿着相互正交的导轨而运行的三个组成部分，装有探测系统的第一部分装在第二部分上，并相对其做垂直运动。第一部分和第二部分的总成相对第三部分做水平运动。第三部分被架在机座的对应两侧的支柱支承上，并相对机座做水平运动，机座承载工件。

移动桥式坐标测量仪是目前中小型测量仪的主要结构形式，承载能力较大，本身具有台面，受地基影响相对较小，开敞性好，精密性比固定桥式稍低。

优点：

① 结构简单，结构刚性好，承重能力大。

② 工件重量对测量仪的动态性能没有影响。

缺点：

① X 向的驱动在一侧进行，单边驱动，扭摆大，容易产生扭摆误差。

② 光栅是偏置在工作台一边的，产生的阿贝误差较大，对测量仪的精度有一定影响。

③ 测量空间受框架影响。

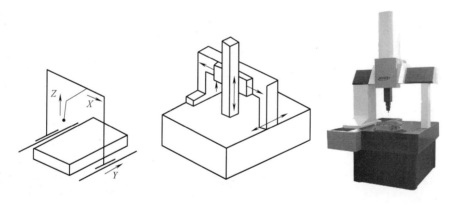

图 6-10　移动桥式坐标测量仪

2）固定桥式。固定桥式测量仪（图6-11）有沿着相互正交的导轨而运动的三个组成部分，装有探测系统的第一部分装在第二部分上并相对其做垂直运动，第一部分和第二部分的总成沿着牢固装在机座两侧的桥架上端做水平运动，在第三部分上安装工件。

高精度测量仪通常采用固定桥式结构，经过改进这类测量仪速度可达400mm/s，加速度达到 3000mm/s^2，

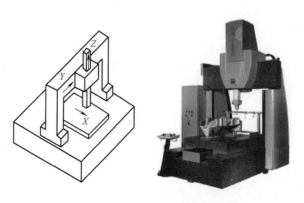

图 6-11　PMM-C 固定桥式测量仪

承重达 2000kg。典型的固定桥式有目前世界上精度最好的出自德国 LEITZ 公司的 PMM-C 固定桥式测量仪。

优点：

① 结构稳定，整机刚性强，中央驱动，偏摆小。

② 光栅在工作台的中央，阿贝误差小。

③ X、Y 方向运动相互独立，相互影响小。

缺点：

① 被测量对象由于放置在移动工作台上，降低了机动的移动速度，承载能力较小。

② 基座长度大于 2 倍的量程，所以占据空间较大。

③ 操作空间不如移动桥式开阔。

3）固定工作台悬臂式。固定工作台悬臂式坐标测量仪（图 6-12）有沿着相互正交的导轨而运动的三个组成部分，装有探测系统的第一部分装在第二部分上并相对第三部分做水平运动，第三部分以悬臂状被支撑在一端，并相对机座做水平运动，机座承载工件。

优点：结构简单，测量空间开阔。

缺点：悬臂沿 Y 向运动时受力点的位置随时变化，从而产生不同的变形，造成测量的误差较大。因此，固定工作台悬臂式坐标测量仪只用于精度要求不太高的测量中，一般用于小型测量仪。

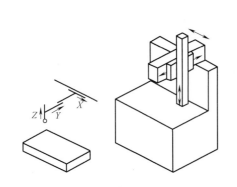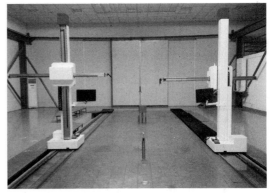

图 6-12　固定工作台悬臂式坐标测量仪

4）龙门式。龙门式坐标测量仪（图 6-13）有沿着相互正交的导轨而运动的三个组成部分，装有探测系统的第一部分装在第二部分上并相对其做垂直运动，第三部分在机座两侧的导轨上做水平运动。机座或地面承载工件。

龙门式坐标测量仪一般为大中型测量仪，要求较好的地基，立柱影响操作的开阔性，但减少了移动部分重量，有利于精度及动态性能的提高。因此，近来也发展了一些小型带工作台的龙门式坐标测量仪，其最长可达数十米，由于其刚性要比水平臂好，因此对大尺寸而言可具有足够的精度。

典型的龙门式坐标测量仪如来自意大利 DEA 公司的 ALPHA 及 DELTA 和 LAMBA 系列测量仪。

优点：

① 结构稳定，刚性好，测量范围较大。

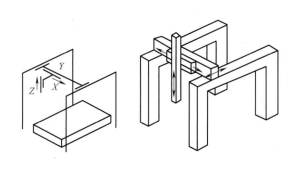

图 6-13 龙门式坐标测量仪

② 装卸工件时，龙门可移到一端，操作方便，承载能力强。

缺点：因驱动和光栅尺集中在一侧，造成的阿贝误差较大，驱动不够平稳。

5）L 形桥式。L 形桥式坐标测量仪（图 6-14）有沿着相互正交的导轨而运动的三个组成部分，装有探测系统的第一部分装在第二部分上并相对其做垂直运动。第一部分和第二部分的总成相对第三部分做水平运动。第三部分在机座平面或低于平面上的一条导轨和在机座上另一条导轨的两条导轨上做水平运动。机座承载工件。

L 形桥式坐标测量仪是综合移动桥式坐标测量仪和龙门式坐标测量仪优缺点的测量仪，有移动桥式坐标测量仪的平台，工作开敞性较好，又像龙门式坐标测量仪减少移动的重量，运动速度、加速度可以较大，但要注意辅腿的设计。

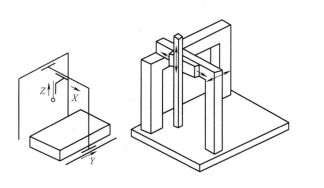

图 6-14 L 形桥式坐标测量仪

6）移动工作台悬臂式。移动工作台悬臂式坐标测量仪（图 6-15）有沿着相互正交的导轨而运动的三个组成部分，装有探测系统的第一部分装在第二部分上并相对其做垂直运动。第三部分以悬臂被支承在一端，并相对机座做水平运动。第三部分相对机座做水平运动并在其上安装工件。

此类测量仪载力不高，应用较少。

7）水平悬臂式。水平悬臂式坐标测量仪（图 6-16）有沿着相互正交的导轨而运动的三个组成部分，装有探测系统的第一部分装在第二部分上并相对其做水平运动。第一部分和第二部分的总成相对第三部分做垂直运动。第三部分相对机座做水平运动，并在机座上安装工件。如果进行细分，可以分为水平悬臂移动式坐标测量仪、固定工作台水平悬臂式坐标测量仪、移动工作台水平悬臂坐标测量仪。

水平悬臂式测量仪在 X 向很长，Z 向较高，整机开敞性比较好，是测量汽车各种分总成、车身时最常用的测量仪。

8）柱式。柱式坐标测量仪（图6-17）有两个可移动组成部分，装有探测系统的第一部分相对机座做垂直运动。第二部分装在机座上并相对其沿水平方向运动，在该部分上安装工件。

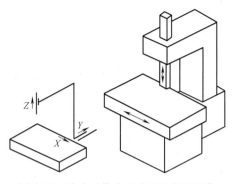

图6-15　移动工作台悬臂式坐标测量仪

柱式坐标测量仪精度比固定工作台悬臂式坐标测量仪高，一般用于小型高精度测量仪，适于要求前方开阔的工作环境。

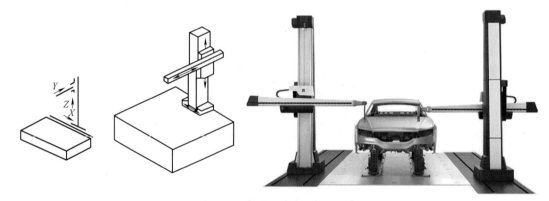

图6-16　水平悬臂式坐标测量仪

（4）三坐标测量仪的使用方法

1）开机前的准备。

① 三坐标测量仪对环境要求比较严格，应按说明书要求严格控制温度及湿度。

② 三坐标测量仪使用气浮轴承，理论上是永不磨损结构，但是如果气源不干净，有油、水或杂质，就会造成气浮轴承阻塞，严重时会造成气浮轴承和气浮导轨划伤，后果严重。所以每天要检查机床气源，放水放油；定期清洗过滤器及油水分离器。还应注意机床气源前级空气来源，空气压缩机或集中供气的气罐也要定期检查。

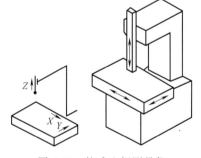

图6-17　柱式坐标测量仪

③ 三坐标测量仪的导轨加工精度很高，与空气轴承的间隙很小，如果导轨上面有灰尘或其他杂质，就容易造成气浮轴承和导轨划伤。所以每次开机前应清洁机器的导轨，金属导轨用航空汽油擦拭（120或180号汽油），花岗岩导轨用无水乙醇擦拭。

④ 切记在保养过程中不能给任何导轨上任何性质的油脂。

⑤ 定期给光杠、丝杠、齿条上少量防锈油。

⑥ 在长时间没有使用三坐标测量仪时，在开机前应做好准备工作：控制室内的温度和

湿度（24h 以上），在湿润的环境中还应该定期把电控柜打开，使电路板也得到充分干燥，避免电控系统由于受潮、突然加电而损坏，然后检查气源、电源是否正常。

⑦ 开机前检查电源，如有条件应配置稳压电源，定期检查接地。接地电阻小于 4Ω。

2）工作过程中。

① 被测零件在放到工作台上检测之前，应先清洗去毛刺，防止在加工完成后零件表面残留的切削液及加工残留物影响三坐标测量仪的测量精度及测头使用寿命。

② 被测零件在测量之前应在室内恒温，如果温度相差过大就会影响测量精度。

③ 大型及重型零件在放置到工作台上的过程中应轻放，以避免造成剧烈碰撞，致使工作台或零件损伤。必要时可以在工作台上放置一块厚橡胶以防止碰撞。

④ 小型及轻型零件放到工作台上后，应先紧固再进行测量，否则会影响测量精度。

⑤ 在工作过程中，测座在转动时（特别是带有加长杆的情况下）一定要远离零件，以避免碰撞。

⑥ 在工作过程中，如果发生异常响声或突然停机，切勿自行拆卸及维修，请及时与厂方联系。

3）操作结束后。

① 请将 Z 轴移动到下方，但应避免测头撞到工作台。

② 工作完成后要清洁工作台面。

③ 检查导轨，如有水印请及时检查过滤器。如有划伤或碰伤也请及时与厂方联系，避免造成更大损失。

④ 工作结束后将机器总气源关闭。

【练习与思考】

1. 简述三坐标测量仪的分类和组成。

2. 指出图 6-1 中所示的减速器输出轴都有哪些几何公差要求，并说出各几何公差的含义。

【1+X 数控车铣加工职业技能等级证书考试模拟题】

1. 设置基本偏差的目的是将（　　　）加以标准化，以满足各种配合性质的需要。

A. 公差带相对零线的位置　　　B. 公差带的大小

C. 各种配合　　　　　　　　　D. 零件尺寸

2. 机械制造中常用的优先配合的基准孔是（　　　）。

A. H7　　　　　B. H2　　　　　C. D2　　　　　D. h7

3. 用游标卡尺测量孔的中心距，此测量方法称为（　　　）。

A. 直接测量　　B. 间接测量　　C. 绝对测量　　D. 比较测量

4. 选择配合种类时，主要考虑（　　　）。

A. 使用要求　　B. 制造工艺性　　C. 结构合理性　　D. 生产经济性

【素养教育】直通车 7:

　　科技前沿——"华为标准"成为全球 5G 标准，引导学生对专业的热爱，培养学生艰苦奋斗、敢为人先的创业精神

附录

附录 A　公称尺寸 ≤500mm 的轴的基本偏差数值（摘自 GB/T 1800.1—2020）

（单位：μm）

公称尺寸 /mm		基本偏差																
		上极限偏差 es												下极限偏差 ei				
		所有标准公差等级												IT5、IT6	IT7	IT8	IT4~IT7	≤IT3 >IT7
大于	至	a	b	c	cd	d	e	ef	f	fg	g	h	js	j			k	
—	3	−270	−140	−60	−34	−20	−14	−10	−6	−4	−2	0		−2	−4	−6	0	0
3	6	−270	−140	−70	−46	−30	−20	−14	−10	−6	−4	0		−2	−4	—	+1	0
6	10	−280	−150	−80	−56	−40	−25	−18	−13	−8	−5	0		−2	−5	—	+1	0
10	14	−290	−150	−95	—	−50	−32	—	−16	—	−6	0		−3	−6	—	+1	0
14	18																	
18	24	−300	−160	−110	—	−65	−40	—	−20	—	−7	0		−4	−8	—	+2	0
24	30																	
30	40	−310	−170	−120	—	−80	−50	—	−25	—	−9	0		−5	−10	—	+2	0
40	50	−320	−180	−130														
50	65	−340	−190	−140	—	−100	−60	—	−30	—	−10	0		−7	−12	—	+2	0
65	80	−360	−200	−150														
80	100	−380	−220	−170	—	−120	−72	—	−36	—	−12	0		−9	−15	—	+3	0
100	120	−410	−240	−180														
120	140	−460	−260	−200	—	−145	−85	—	−43	—	−14	0	偏差 等于 ±IT$_n$/2	−11	−18	—	+3	0
140	160	−520	−280	−210														
160	180	−580	−310	−230														
180	200	−660	−340	−240	—	−170	−100	—	−50	—	−15	0		−13	−21	—	+4	0
200	225	−740	−380	−260														
225	250	−820	−420	−280														
250	280	−920	−480	−300	—	−190	−110	—	−56	—	−17	0		−16	−26	—	+4	0
280	315	−1050	−540	−330														
315	355	−1200	−600	−360	—	−210	−125	—	−62	—	−18	0		−18	−28	—	+4	0
355	400	−1350	−680	−400														
400	450	−1500	−760	−440	—	−230	−135	—	−68	—	−20	0		−20	−32	—	+5	0
450	500	−1650	−840	−480														

（续）

公称尺寸 /mm		基本偏差 下极限偏差 ei 所有标准公差等级													
大于	至	m	n	p	r	s	t	u	v	x	y	z	za	zb	zc
—	3	+2	+4	+6	+10	+14	—	+18	—	+20	—	+26	+32	+40	+60
3	6	+4	+8	+12	+15	+19	—	+23	—	+28	—	+35	+42	+50	+80
6	10	+6	+10	+15	+19	+23	—	+28	—	+34	—	+42	+52	+67	+97
10	14	+7	+12	+18	+23	+28	—	+33	—	+40	—	+50	+64	+90	+130
14	18	+7	+12	+18	+23	+28	—	+33	+39	+45	—	+60	+77	+108	+150
18	24	+8	+15	+22	+28	+35	—	+41	+47	+54	+63	+73	+98	+136	+188
24	30	+8	+15	+22	+28	+35	+41	+48	+55	+64	+75	+88	+118	+160	+218
30	40	+9	+17	+26	+34	+43	+48	+60	+68	+80	+94	+112	+148	+200	+274
40	50	+9	+17	+26	+34	+43	+54	+70	+81	+97	+114	+136	+180	+242	+325
50	65	+11	+20	+32	+41	+53	+66	+87	+102	+122	+144	+172	+226	+300	+405
65	80	+11	+20	+32	+43	+59	+75	+102	+120	+146	+174	+210	+274	+360	+480
80	100	+13	+23	+37	+51	+71	+91	+124	+146	+178	+214	+258	+335	+445	+585
100	120	+13	+23	+37	+54	+79	+104	+144	+172	+210	+254	+310	+400	+525	+690
120	140	+15	+27	+43	+63	+92	+122	+170	+202	+248	+300	+365	+470	+620	+800
140	160	+15	+27	+43	+65	+100	+134	+190	+228	+280	+340	+415	+535	+700	+900
160	180	+15	+27	+43	+68	+108	+146	+210	+252	+310	+380	+465	+600	+780	+1000
180	200	+17	+31	+50	+77	+122	+166	+236	+284	+350	+425	+520	+670	+880	+1150
200	225	+17	+31	+50	+80	+130	+180	+258	+310	+385	+470	+575	+740	+960	+1250
225	250	+17	+31	+50	+84	+140	+196	+284	+340	+425	+520	+640	+820	+1050	+1350
250	280	+20	+34	+56	+94	+158	+218	+315	+385	+475	+580	+710	+920	+1200	+1550
280	315	+20	+34	+56	+98	+170	+240	+350	+425	+525	+650	+790	+1000	+1300	+1700
315	355	+21	+37	+62	+108	+190	+268	+390	+475	+590	+730	+900	+1150	+1500	+1900
355	400	+21	+37	+62	+114	+208	+294	+435	+530	+660	+820	+1000	+1300	+1650	+2100
400	450	+23	+40	+68	+126	+232	+330	+490	+595	+740	+920	+1100	+1450	+1850	+2400
450	500	+23	+40	+68	+132	+252	+360	+540	+660	+820	+1000	+1250	+1600	+2100	+2600

注：1. 公称尺寸小于或等于 1mm 时，基本偏差 a 和 b 均不采用。

2. 公差带 js7～js11，若 IT_n 值是奇数，则其极限偏差等于（$\pm IT_n - 1$）/2。

附录 B 公称尺寸≤500mm 的孔的基本偏差数值（摘自 GB/T 1800.1—2020）

（单位：μm）

公称尺寸/mm		基本偏差 下极限偏差 EI（所有标准公差等级）												基本偏差 上极限偏差 ES 公差等级								
														J IT6	J IT7	J IT8	K ≤IT8	K >IT8	M ≤IT8	M >IT8	N ≤IT8	N >IT8
大于	至	A	B	C	CD	D	E	EF	F	FG	G	H	JS	J			K		M		N	
—	3	+270	+140	+60	+34	+20	+14	+10	+6	+4	+2	0		+2	+4	+6	0	0	−2	−2	−4	−4
3	6	+270	+140	+70	+46	+30	+20	+14	+10	+6	+4	0		+5	+6	+10	−1+Δ	—	−4+Δ	−4	−8+Δ	0
6	10	+280	+150	+80	+56	+40	+25	+18	+13	+8	+5	0		+5	+8	+12	−1+Δ	—	−6+Δ	−6	−10+Δ	0
10	14	+290	+150	+95	—	+50	+32	—	+16		+6	0		+6	+10	+15	−1+Δ	—	−7+Δ	−7	−12+Δ	0
14	18	+290	+150	+95	—	+50	+32	—	+16		+6	0		+6	+10	+15	−1+Δ	—	−7+Δ	−7	−12+Δ	0
18	24	+300	+160	+110	—	+65	+40	—	+20	—	+7	0		+8	+12	+20	−2+Δ	—	−8+Δ	−8	−15+Δ	0
24	30	+300	+160	+110	—	+65	+40	—	+20	—	+7	0		+8	+12	+20	−2+Δ	—	−8+Δ	−8	−15+Δ	0
30	40	+310	+170	+120	—	+80	+50	—	+25	—	+9	0		+10	+14	+24	−2+Δ	—	−9+Δ	−9	−17+Δ	0
40	50	+320	+180	+130	—	+80	+50	—	+25	—	+9	0		+10	+14	+24	−2+Δ	—	−9+Δ	−9	−17+Δ	0
50	65	+340	+190	+140	—	+100	+60	—	+30	—	+10	0		+13	+18	+28	−2+Δ	—	−11+Δ	−11	−20+Δ	0
65	80	+360	+200	+150	—	+100	+60	—	+30	—	+10	0		+13	+18	+28	−2+Δ	—	−11+Δ	−11	−20+Δ	0
80	100	+380	+220	+170	—	+120	+72	—	+36	—	+12	0	偏差等于 ±ITn/2	+16	+22	+34	−3+Δ	—	−13+Δ	−13	−23+Δ	0
100	120	+410	+240	+180	—	+120	+72	—	+36	—	+12	0		+16	+22	+34	−3+Δ	—	−13+Δ	−13	−23+Δ	0
120	140	+460	+260	+200	—	+145	+85	—	+43	—	+14	0		+18	+26	+41	−3+Δ	—	−15+Δ	−15	−27+Δ	0
140	160	+520	+280	+210	—	+145	+85	—	+43	—	+14	0		+18	+26	+41	−3+Δ	—	−15+Δ	−15	−27+Δ	0
160	180	+580	+310	+230	—	+145	+85	—	+43	—	+14	0		+18	+26	+41	−3+Δ	—	−15+Δ	−15	−27+Δ	0
180	200	+660	+310	+240	—	+170	+100	—	+50	—	+15	0		+22	+30	+47	−4+Δ	—	−17+Δ	−17	−31+Δ	0
200	225	+740	+380	+260	—	+170	+100	—	+50	—	+15	0		+22	+30	+47	−4+Δ	—	−17+Δ	−17	−31+Δ	0
225	250	+820	+420	+280	—	+170	+100	—	+50	—	+15	0		+22	+30	+47	−4+Δ	—	−17+Δ	−17	−31+Δ	0
250	280	+920	+480	+300	—	+190	+110	—	+56	—	+17	0		+25	+36	+55	−4+Δ	—	−20+Δ	−20	−34+Δ	0
280	315	+1050	+540	+330	—	+190	+110	—	+56	—	+17	0		+25	+36	+55	−4+Δ	—	−20+Δ	−20	−34+Δ	0
315	355	+1200	+600	+360	—	+210	+125	—	+62	—	+18	0		+29	+39	+60	−4+Δ	—	−21+Δ	−21	−37+Δ	0
355	400	+1350	+680	+400	—	+210	+125	—	+62	—	+18	0		+29	+39	+60	−4+Δ	—	−21+Δ	−21	−37+Δ	0
400	450	+1500	+760	+440	—	+230	+135	—	+68	—	+20	0		+33	+43	+66	−5+Δ	—	−23+Δ	−23	−40+Δ	0
450	500	+1650	+840	+480	—	+230	+135	—	+68	—	+20	0		+33	+43	+66	−5+Δ	—	−23+Δ	−23	−40+Δ	0

（续）

公称尺寸 /mm		基本偏差 上极限偏差 ES 公差等级													Δ 值 标准公差等级					
		≤IT7	标准公差等级>IT7																	
大于	至	P至ZC	P	R	S	T	U	V	X	Y	Z	ZA	ZB	ZC	IT3	IT4	IT5	IT6	IT7	IT8
—	3	在大于IT7的相应数值上增加一个Δ	−6	−10	−14	—	−18	—	−20	—	−26	−32	−40	−60	0	0	0	0	0	0
3	6		−12	−15	−19	—	−23	—	−28	—	−35	−42	−50	−80	1	1.5	1	3	4	6
6	10		−15	−19	−23	—	−28	—	−34	—	−42	−52	−67	−97	1	1.5	2	3	6	7
10	14		−18	−23	−28	—	−33	—	−40	—	−50	−64	−90	−130	1	2	3	3	7	9
14	18							−39	−45	—	−60	−77	−108	−150						
18	24		−22	−28	−35	—	−41	−47	−54	−63	−73	−98	−136	−188	1.5	2	3	4	8	12
24	30					−41	−48	−55	−64	−75	−88	−118	−160	−218						
30	40		−26	−34	−43	−48	−60	−68	−80	−94	−112	−148	−200	−274	1.5	3	4	5	9	14
40	50					−54	−70	−81	−97	−114	−136	−180	−242	−325						
50	65		−32	−41	−53	−66	−87	−102	−120	−144	−172	−226	−300	−405	2	3	5	6	11	16
65	80			−43	−59	−75	−102	−120	−146	−174	−210	−274	−360	−480						
80	100		−37	−51	−71	−91	−124	−146	−178	−214	−258	−335	−445	−585	2	4	5	7	13	19
100	120			−54	−79	−104	−144	−172	−210	−254	−310	−400	−525	−690						
120	140		−43	−63	−92	−122	−170	−202	−248	−300	−365	−470	−620	−800	3	4	6	7	15	23
140	160			−65	−100	−134	−190	−228	−280	−340	−415	−535	−700	−900						
160	180			−68	−108	−146	−210	−252	−310	−380	−465	−600	−780	−1000						
180	200		−50	−77	−122	−166	−236	−284	−350	−425	−520	−670	−880	−1150	3	4	6	9	17	26
200	225			−80	−130	−180	−258	−310	−385	−470	−575	−740	−960	−1250						
225	250			−84	−140	−196	−284	−340	−425	−520	−640	−820	−1050	−1350						
250	280		−56	−94	−158	−218	−315	−385	−475	−580	−710	−920	−1200	−1550	4	4	7	9	20	29
280	315			−98	−170	−240	−350	−425	−525	−650	−790	−1000	−1300	−1700						
315	355		−62	−108	−190	−268	−390	−475	−590	−730	−900	−1150	−1500	−1900	4	5	7	11	21	32
355	400			−114	−208	−294	−435	−530	−660	−820	−1000	−1300	−1650	−2100						
400	450		−68	−126	−232	−330	−490	−595	−740	−920	−1100	−1450	−1850	−2400	5	5	7	13	23	34
450	500			−132	−252	−360	−540	−660	−820	−1000	−1250	−1600	−2100	−2600						

注：1. 公称尺寸小于或等于1mm时，基本偏差A和B及大于IT8的N均不采用。

2. 标准公差≤IT8的K、M、N及≤IT7的P~ZC，从表的右侧选取Δ值。例如，18~30mm的K7，$\Delta = 8\mu m$，因此ES = $-2\mu m + 8\mu m = +6\mu m$。

3. 公差带JS7~JS11，若IT_n值是奇数，则其极限偏差 = $(\pm IT_n - 1)/2$。

4. 特殊情况，250~315mm的M6，ES = $-9\mu m$（代替$-11\mu m$）。

附录 C　轴的极限偏差　　　　　　　　　　（单位：μm）

| 公称尺寸/mm | | 公差带 | | | | | | | | | | | | | | |
大于	至	a9	a10	a11	a12	a13	b9	b10	b11	b12	b13	c8	c9	c10	c11	c12
—	3	−270 −295	−270 −310	−270 −330	−270 −370	−270 −410	−140 −165	−140 −180	−140 −200	−140 −240	−140 −280	−60 −74	−60 −85	−60 −100	−60 −120	−60 −160
3	6	−270 −300	−270 −318	−270 −345	−270 −390	−270 −450	−140 −170	−140 −188	−140 −215	−140 −260	−140 −320	−70 −88	−70 −100	−70 −118	−70 −145	−70 −190
6	10	−280 −316	−280 −338	−280 −370	−280 −430	−280 −500	−150 −186	−150 −208	−150 −240	−150 −300	−150 −370	−80 −102	−80 −116	−80 −138	−80 −170	−80 −220
10	18	−290 −333	−290 −360	−290 −400	−290 −470	−290 −560	−150 −193	−150 −220	−150 −260	−150 −330	−150 −420	−95 −122	−95 −138	−95 −165	−95 −205	−95 −275
18	30	−300 −352	−300 −384	−300 −430	−300 −510	−300 −630	−160 −212	−160 −244	−160 −290	−160 −370	−160 −490	−110 −143	−110 −162	−110 −194	−110 −240	−110 −320
30	40	−310 −372	−310 −410	−310 −470	−310 −560	−310 −700	−170 −232	−170 −270	−170 −330	−170 −420	−170 −560	−120 −159	−120 −182	−120 −220	−120 −280	−120 −370
40	50	−320 −382	−320 −420	−320 −480	−320 −570	−320 −710	−180 −242	−180 −280	−180 −340	−180 −430	−180 −570	−130 −169	−130 −192	−130 −230	−130 −290	−130 −380
50	65	−340 −414	−340 −460	−340 −530	−340 −640	−340 −800	−190 −264	−190 −310	−190 −380	−190 −490	−190 −650	−140 −186	−140 −214	−140 −260	−140 −330	−140 −440
65	80	−360 −434	−360 −480	−360 −550	−360 −660	−360 −820	−200 −274	−200 −320	−200 −390	−200 −500	−200 −660	−150 −196	−150 −224	−150 −270	−150 −340	−150 −450
80	100	−380 −467	−380 −520	−380 −600	−380 −730	−380 −920	−220 −307	−220 −360	−220 −440	−220 −570	−220 −760	−170 −224	−170 −257	−170 −310	−170 −390	−170 −520
100	120	−410 −497	−410 −550	−410 −630	−410 −760	−410 −950	−240 −327	−240 −380	−240 −460	−240 −590	−240 −780	−180 −234	−180 −267	−180 −320	−180 −400	−180 −530
120	140	−460 −560	−460 −620	−460 −710	−460 −860	−460 −1090	−260 −360	−260 −420	−260 −510	−260 −660	−260 −890	−200 −263	−200 −300	−200 −360	−200 −450	−200 −600
140	160	−520 −620	−520 −680	−520 −770	−520 −920	−520 −1150	−280 −380	−280 −440	−280 −530	−280 −680	−280 −910	−210 −273	−210 −310	−210 −370	−210 −460	−210 −610
160	180	−580 −680	−580 −740	−580 −830	−580 −980	−580 −1210	−310 −410	−310 −470	−310 −560	−310 −710	−310 −940	−230 −293	−230 −330	−230 −390	−230 −480	−230 −630
180	200	−660 −775	−660 −845	−660 −950	−660 −1120	−660 −1380	−340 −455	−340 −525	−340 −630	−340 −800	−340 −1060	−240 −312	−240 −355	−240 −425	−240 −530	−240 −700
200	225	−740 −855	−740 −925	−740 −1030	−740 −1200	−740 −1460	−380 −495	−380 −565	−380 −670	−380 −840	−380 −1100	−260 −332	−260 −375	−260 −445	−260 −550	−260 −720
225	250	−820 −935	−820 −1005	−820 −1110	−820 −1280	−820 −1540	−420 −535	−420 −605	−420 −710	−420 −880	−420 −1140	−280 −352	−280 −395	−280 −465	−280 −570	−280 −740
250	280	−920 −1050	−920 −1130	−920 −1240	−920 −1440	−920 −1730	−480 −610	−480 −690	−480 −800	−480 −1000	−480 −1290	−300 −381	−300 −430	−300 −510	−300 −620	−300 −820
280	315	−1050 −1180	−1050 −1260	−1050 −1370	−1050 −1570	−1050 −1860	−540 −670	−540 −750	−540 −860	−540 −1060	−540 −1350	−330 −411	−330 −460	−330 −540	−330 −650	−330 −850
315	355	−1200 −1340	−1200 −1430	−1200 −1560	−1200 −1770	−1200 −2090	−600 −740	−600 −830	−600 −960	−600 −1170	−600 −1490	−360 −449	−360 −500	−360 −590	−360 −720	−360 −930
355	400	−1350 −1490	−1350 −1580	−1350 −1710	−1350 −1920	−1350 −2240	−680 −820	−680 −910	−680 −1040	−680 −1250	−680 −1570	−400 −489	−400 −540	−400 −630	−400 −760	−400 −970
400	450	−1500 −1655	−1500 −1750	−1500 −1900	−1500 −2130	−1500 −2470	−760 −915	−760 −1010	−760 −1160	−760 −1390	−760 −1730	−440 −537	−440 −595	−440 −690	−440 −840	−440 −1070
450	500	−1650 −1805	−1650 −1900	−1650 −2050	−1650 −2280	−1650 −2620	−840 −995	−840 −1090	−840 −1240	−840 −1470	−840 −1810	−480 −577	−480 −635	−480 −730	−480 −880	−480 −1110

注：公称尺寸小于 1mm 时，各级的 a 和 b 均不采用。

（续）

公称尺寸/mm		公差带												
		d					e					f		
大于	至	7	8	9	10	11	6	7	8	9	10	5	6	7
—	3	−20 −30	−20 −34	−20 −45	−20 −60	−20 −80	−14 −20	−14 −24	−14 −28	−14 −39	−14 −54	−6 −10	−6 −12	−6 −16
3	6	−30 −42	−30 −48	−30 −60	−30 −78	−30 −105	−20 −28	−20 −32	−20 −38	−20 −50	−20 −68	−10 −15	−10 −18	−10 −22
6	10	−40 −55	−40 −62	−40 −76	−40 −98	−40 −130	−25 −34	−25 −40	−25 −47	−25 −61	−25 −83	−13 −19	−13 −22	−13 −28
10	18	−50 −68	−50 −77	−50 −93	−50 −120	−50 −160	−32 −43	−32 −50	−32 −59	−32 −75	−32 −102	−16 −24	−16 −27	−16 −34
18	30	−65 −86	−65 −98	−65 −117	−65 −149	−65 −195	−40 −53	−40 −61	−40 −73	−40 −92	−40 −124	−20 −29	−20 −33	−20 −41
30	50	−80 −105	−80 −119	−80 −142	−80 −180	−80 −240	−50 −66	−50 −75	−50 −89	−50 −112	−50 −150	−25 −36	−25 −41	−25 −50
50	80	−100 −130	−100 −146	−100 −174	−100 −220	−100 −290	−60 −79	−60 −90	−60 −106	−60 −134	−60 −180	−30 −43	−30 −49	−30 −60
80	120	−120 −155	−120 −174	−120 −207	−120 −260	−120 −340	−72 −94	−72 −107	−72 −126	−72 −159	−72 −212	−36 −51	−36 −58	−36 −71
120	180	−145 −185	−145 −208	−145 −245	−145 −305	−145 −395	−85 −110	−85 −125	−85 −148	−85 −185	−85 −245	−43 −61	−43 −68	−43 −83
180	250	−170 −216	−170 −242	−170 −285	−170 −355	−170 −460	−100 −129	−100 −146	−100 −172	−100 −215	−100 −285	−50 −70	−50 −79	−50 −96
250	315	−190 −242	−190 −271	−190 −320	−190 −400	−190 −510	−110 −142	−110 −162	−110 −191	−110 −240	−110 −320	−56 −79	−56 −88	−56 −108
315	400	−210 −267	−210 −299	−210 −350	−210 −440	−210 −570	−125 −161	−125 −182	−125 −214	−125 −265	−125 −355	−62 −87	−62 −98	−62 −119
400	500	−230 −293	−230 −327	−230 −385	−230 −480	−230 −630	−135 −175	−135 −198	−135 −232	−135 −290	−135 −385	−68 −95	−68 −108	−68 −131

| 公称尺寸/mm | | f | | g | | | | | 公差 | | | | | |
大于	至	8	9	4	5	6	7	8	1	2	3	4	5	6
—	3	−6 −20	−6 −31	−2 −5	−2 −6	−2 −8	−2 −12	−2 −16	0 −0.8	0 −1.2	0 −2	0 −3	0 −4	0 −6
3	6	−10 −28	−10 −40	−4 −8	−4 −9	−4 −12	−4 −16	−4 −22	0 −1	0 −1.5	0 −2.5	0 −3	0 −5	0 −8
6	10	−13 −35	−13 −49	−5 −9	−5 −11	−5 −14	−5 −20	−5 −27	0 −1	0 −1.5	0 −2.5	0 −4	0 −6	0 −9
10	18	−16 −43	−16 −59	−6 −11	−6 −14	−6 −17	−6 −24	−6 −33	0 −1.2	0 −2	0 −3	0 −5	0 −8	0 −11
18	30	−20 −53	−20 −72	−7 −13	−7 −16	−7 −20	−7 −28	−7 −40	0 −1.5	0 −2.5	0 −4	0 −6	0 −9	0 −13
30	50	−25 −64	−25 −87	−9 −16	−9 −20	−9 −25	−9 −34	−9 −48	0 −1.5	0 −2.5	0 −4	0 −7	0 −11	0 −16
50	80	−30 −76	−30 −104	−10 −18	−10 −23	−10 −29	−10 −40	−10 −56	0 −2	0 −3	0 −5	0 −8	0 −13	0 −19
80	120	−36 −90	−36 −123	−12 −22	−12 −27	−12 −34	−12 −47	−12 −66	0 −2.5	0 −4	0 −6	0 −10	0 −15	0 −22
120	180	−43 −106	−43 −143	−14 −26	−14 −32	−14 −39	−14 −54	−14 −77	0 −3.5	0 −5	0 −8	0 −12	0 −18	0 −25
180	250	−50 −122	−50 −165	−15 −29	−15 −35	−15 −44	−15 −61	−15 −87	0 −4.5	0 −7	0 −10	0 −14	0 −20	0 −29
250	315	−56 −137	−56 −186	−17 −33	−17 −40	−17 −49	−17 −69	−17 −98	0 −6	0 −8	0 −12	0 −16	0 −23	0 −32
315	400	−62 −151	−62 −202	−18 −36	−18 −43	−18 −54	−18 −75	−18 −107	0 −7	0 −9	0 −13	0 −18	0 −25	0 −36
400	500	−68 −165	−68 −223	−20 −40	−20 −47	−20 −60	−20 −83	−20 −117	0 −8	0 −10	0 −15	0 −20	0 −27	0 −40

（续）

带

h							j					
7	8	9	10	11	12	13	5	6	7	1	2	3
0 −10	0 −14	0 −25	0 −40	0 −60	0 −100	0 −140	±2	+4 −2	+6 −4	±0.4	±0.6	±1
0 −12	0 −18	0 −30	0 −48	0 −75	0 −120	0 −180	+3 −2	+6 −2	+8 −4	±0.5	±0.75	±1.25
0 −15	0 −22	0 −36	0 −58	0 −90	0 −150	0 −220	+4 −2	+7 −2	+10 −5	±0.5	±0.75	±1.25
0 −18	0 −27	0 −43	0 −70	0 −110	0 −180	0 −270	+5 −3	+8 −3	+12 −6	±0.6	±1	±1.5
0 −21	0 −33	0 −52	0 −84	0 −130	0 −210	0 −330	+5 −4	+9 −4	+13 −8	±0.75	±1.25	±2
0 −25	0 −39	0 −62	0 −100	0 −160	0 −250	0 −390	+6 −5	+11 −5	+15 −10	±0.75	±1.25	±2
0 −30	0 −46	0 −74	0 −120	0 −190	0 −300	0 −460	+6 −7	+12 −7	+18 −12	±1	±1.5	±2.5
0 −35	0 −54	0 −87	0 −140	0 −220	0 −350	0 −540	+6 −9	+13 −9	+20 −15	±1.25	±2	±3
0 −40	0 −63	0 −100	0 −160	0 −250	0 −400	0 −630	+7 −11	+14 −11	+22 −18	±1.75	±2.5	±4
0 −46	0 −72	0 −115	0 −185	0 −290	0 −460	0 −720	+7 −13	+16 −13	+25 −21	±2.25	±3.5	±5
0 −52	0 −81	0 −130	0 −210	0 −320	0 −520	0 −810	+7 −16	±16	±26	±3	±4	±6
0 −57	0 −89	0 −140	0 −230	0 −360	0 −570	0 −890	+7 −18	±18	+29 −28	±3.5	±4.5	±6.5
0 −63	0 −97	0 −155	0 −250	0 −400	0 −630	0 −970	+7 −20	±20	+31 −32	±4	±5	±7.5

公称尺寸/mm		js										公差	
大于	至	4	5	6	7	8	9	10	11	12	13	4	5
—	3	±1.5	±2	±3	±5	±7	±12	±20	±30	±50	±70	+3 0	+4 0
3	6	±2	±2.5	±4	±6	±9	±15	±24	±37	±60	±90	+5 +1	+6 +1
6	10	±2	±3	±4.5	±7	±11	±18	±29	±45	±75	±110	+5 +1	+7 +1
10	18	±2.5	±4	±5.5	±9	±13	±21	±35	±55	±90	±135	+6 +1	+9 +1
18	30	±3	±4.5	±6.5	±10	±16	±26	±42	±65	±105	±165	+8 +2	+11 +2
30	50	±3.5	±5.5	±8	±12	±19	±31	±50	±80	±125	±195	+9 +2	+13 +2
50	80	±4	±6.5	±9.5	±15	±23	±37	±60	±95	±150	±230	+10 +2	+15 +2
80	120	±5	±7.5	±11	±17	±27	±43	±70	±110	±175	±270	+13 +3	+18 +3
120	180	±6	±9	±12.5	±20	±31	±50	±80	±125	±200	±315	+15 +3	+21 +3
180	250	±7	±10	±14.5	±23	±36	±57	±92	±145	±230	±360	+18 +4	+24 +4
250	315	±8	±11.5	±16	±26	±40	±65	±105	±160	±260	±405	+20 +4	+27 +4
315	400	±9	±12.5	±18	±28	±44	±70	±115	±180	±285	±445	+22 +4	+29 +4
400	500	±10	±13.5	±20	±31	±48	±77	±125	±200	±315	±485	+25 +5	+32 +5

（续）

带

k			m					n				
6	7	8	4	5	6	7	8	4	5	6	7	8
+6 0	+10 0	+14 0	+5 +2	+6 +2	+8 +2	+12 +2	+16 +2	+7 +4	+8 +4	+10 +4	+14 +4	+18 +4
+9 +1	+13 +1	+18 0	+8 +4	+9 +4	+12 +4	+16 +4	+22 +4	+12 +8	+13 +8	+16 +8	+20 +8	+26 +8
+10 +1	+16 +1	+22 0	+10 +6	+12 +6	+15 +6	+21 +6	+28 +6	+14 +10	+16 +10	+19 +10	+25 +10	+32 +10
+12 +1	+19 +1	+27 0	+12 +7	+15 +7	+18 +7	+25 +7	+34 +7	+17 +12	+20 +12	+23 +12	+30 +12	+39 +12
+15 +2	+23 +2	+33 0	+14 +8	+17 +8	+21 +8	+29 +8	+41 +8	+21 +15	+24 +15	+28 +15	+36 +15	+48 +15
+18 +2	+27 +2	+39 0	+16 +9	+20 +9	+25 +9	+34 +9	+48 +9	+24 +17	+28 +17	+33 +17	+42 +17	+56 +17
+21 +2	+32 +2	+46 0	+19 +11	+24 +11	+30 +11	+41 +11	—	+28 +20	+33 +20	+39 +20	+50 +20	—
+25 +3	+38 +3	+54 0	+23 +13	+28 +13	+35 +13	+48 +13	—	+33 +23	+38 +23	+45 +23	+58 +23	—
+28 +3	+43 +3	+63 0	+27 +15	+33 +15	+40 +15	+55 +15	—	+39 +27	+45 +27	+52 +27	+67 +27	—
+33 +4	+50 +4	+72 0	+31 +17	+37 +17	+46 +17	+63 +17	—	+45 +31	+51 +31	+60 +31	+77 +31	—
+36 +4	+56 +4	+81 0	+36 +20	+43 +20	+52 +20	+72 +20	—	+50 +34	+57 +34	+66 +34	+86 +34	—
+40 +4	+61 +4	+89 0	+39 +21	+46 +21	+57 +21	+78 +21	—	+55 +37	+62 +37	+73 +37	+94 +37	—
+45 +5	+68 +5	+97 0	+43 +23	+50 +23	+63 +23	+86 +23	—	+60 +40	+67 +40	+80 +40	+103 +40	—

（续）

| 公称尺寸/mm | | 公差带 | | | | | | | | | | | | |
大于	至	p 4	p 5	p 6	p 7	p 8	r 4	r 5	r 6	r 7	r 8	s 4	s 5	s 6
—	3	+9 +6	+10 +6	+12 +6	+16 +6	+20 +6	+13 +10	+14 +10	+16 +10	+20 +10	+24 +10	+17 +14	+18 +14	+20 +14
3	6	+16 +12	+17 +12	+20 +12	+24 +12	+30 +12	+19 +15	+20 +15	+23 +15	+27 +15	+33 +15	+23 +19	+24 +19	+27 +19
6	10	+19 +15	+21 +15	+24 +15	+30 +15	+37 +15	+23 +19	+25 +19	+28 +19	+34 +19	+41 +19	+27 +23	+29 +23	+32 +23
10	18	+23 +18	+26 +18	+29 +18	+36 +18	+45 +18	+28 +23	+31 +23	+34 +23	+41 +23	+50 +23	+33 +28	+36 +28	+39 +28
18	30	+28 +22	+31 +22	+35 +22	+43 +22	+55 +22	+34 +28	+37 +28	+41 +28	+49 +28	+61 +28	+41 +35	+44 +35	+48 +35
30	50	+33 +26	+37 +26	+42 +26	+51 +26	+65 +26	+41 +34	+45 +34	+50 +34	+59 +34	+73 +34	+50 +43	+54 +43	+59 +43
50	65	+40 +32	+45 +32	+51 +32	+62 +32	+78 +32	+49 +41	+54 +41	+60 +41	+71 +41	+87 +41	+61 +53	+66 +53	+72 +53
65	80						+51 +43	+56 +43	+62 +43	+72 +43	+89 +43	+67 +59	+72 +59	+78 +59
80	100	+47 +37	+52 +37	+59 +37	+72 +37	+91 +37	+61 +51	+66 +51	+73 +51	+86 +51	+105 +51	+81 +71	+86 +71	+93 +71
100	120						+64 +54	+69 +54	+76 +54	+89 +54	+108 +54	+89 +79	+94 +79	+101 +79
120	140	+55 +43	+61 +43	+68 +43	+83 +43	+106 +43	+75 +63	+81 +63	+88 +63	+103 +63	+126 +63	+104 +92	+110 +92	+117 +92
140	160						+77 +65	+83 +65	+90 +65	+105 +65	+128 +65	+112 +100	+118 +100	+125 +100
160	180						+80 +68	+86 +68	+93 +68	+108 +68	+131 +68	+120 +108	+126 +108	+133 +108
180	200	+64 +50	+70 +50	+79 +50	+96 +50	+122 +50	+91 +77	+97 +77	+106 +77	+123 +77	+149 +77	+136 +122	+142 +122	+151 +122
200	225						+94 +80	+100 +80	+109 +80	+126 +80	+152 +80	+144 +130	+150 +130	+159 +130
225	250						+98 +84	+104 +84	+113 +84	+130 +84	+156 +84	+154 +140	+160 +140	+169 +140
250	280	+72 +56	+79 +56	+88 +56	+108 +56	+137 +56	+110 +94	+117 +94	+126 +94	+146 +94	+175 +94	+174 +158	+181 +158	+190 +158
280	315						+114 +98	+121 +98	+130 +98	+150 +98	+179 +98	+186 +170	+193 +170	+202 +170
315	355	+80 +62	+87 +62	+98 +62	+119 +62	+151 +62	+126 +108	+133 +108	+144 +108	+165 +108	+197 +108	+208 +190	+215 +190	+226 +190
355	400						+132 +114	+139 +114	+150 +114	+171 +114	+203 +114	+226 +208	+233 +208	+244 +208
400	450	+88 +68	+95 +68	+108 +68	+131 +68	+165 +68	+146 +126	+153 +126	+166 +126	+189 +126	+223 +126	+252 +232	+259 +232	+272 +232
450	500						+152 +132	+159 +132	+172 +132	+195 +132	+229 +132	+272 +252	+279 +252	+292 +252

（续）

公称尺寸/mm		公差带												
		s		t				u				v		
大于	至	7	8	5	6	7	8	5	6	7	8	5	6	7
—	3	+24 +14	+28 +14	—	—	—	—	+22 +18	+24 +18	+28 +18	+32 +18	—	—	—
3	6	+31 +19	+37 +19	—	—	—	—	+28 +23	+31 +23	+35 +23	+41 +23	—	—	—
6	10	+38 +23	+45 +23	—	—	—	—	+34 +28	+37 +28	+43 +28	+50 +28	—	—	—
10	14	+46 +28	+55 +28	—	—	—	—	+41 +33	+44 +33	+51 +33	+60 +33	—	—	—
14	18	+46 +28	+55 +28	—	—	—	—	+41 +33	+44 +33	+51 +33	+60 +33	+47 +39	+50 +39	+57 +39
18	24	+56 +35	+68 +35	—	—	—	—	+50 +41	+54 +41	+62 +41	+74 +41	+56 +47	+60 +47	+68 +47
24	30	+56 +35	+68 +35	+50 +41	+54 +41	+62 +41	+74 +41	+57 +48	+61 +48	+69 +48	+81 +48	+64 +55	+68 +55	+76 +55
30	40	+68 +43	+82 +43	+59 +48	+64 +48	+73 +48	+87 +48	+71 +60	+76 +60	+85 +60	+99 +60	+79 +68	+84 +68	+93 +68
40	50	+68 +43	+82 +43	+65 +54	+70 +54	+79 +54	+93 +54	+81 +70	+86 +70	+95 +70	+109 +70	+92 +81	+97 +81	+106 +81
50	65	+83 +53	+99 +53	+79 +66	+85 +66	+96 +66	+112 +66	+100 +87	+106 +87	+117 +87	+133 +87	+115 +102	+121 +102	+132 +102
65	80	+89 +59	+105 +59	+88 +75	+94 +75	+105 +75	+121 +75	+115 +102	+121 +102	+132 +102	+148 +102	+133 +120	+139 +120	+150 +120
80	100	+106 +71	+125 +71	+106 +91	+113 +91	+126 +91	+145 +91	+139 +124	+146 +124	+159 +124	+178 +124	+161 +146	+168 +146	+181 +146
100	120	+114 +79	+133 +79	+119 +104	+126 +104	+139 +104	+158 +104	+159 +144	+166 +144	+179 +144	+198 +144	+187 +172	+194 +172	+207 +172
120	140	+132 +92	+155 +92	+140 +122	+147 +122	+162 +122	+185 +122	+188 +170	+195 +170	+210 +170	+233 +170	+220 +202	+227 +202	+242 +202
140	160	+140 +100	+163 +100	+152 +134	+159 +134	+174 +134	+197 +134	+208 +190	+215 +190	+230 +190	+253 +190	+246 +228	+253 +228	+268 +228
160	180	+148 +108	+171 +108	+164 +146	+171 +146	+186 +146	+209 +146	+228 +210	+235 +210	+250 +210	+273 +210	+270 +252	+277 +252	+292 +252
180	200	+168 +122	+194 +122	+186 +166	+195 +166	+212 +166	+238 +166	+256 +236	+265 +236	+282 +236	+308 +236	+304 +284	+313 +284	+330 +284
200	225	+176 +130	+202 +130	+200 +180	+209 +180	+226 +180	+252 +180	+278 +258	+287 +258	+304 +258	+330 +258	+330 +310	+339 +310	+356 +310
225	250	+186 +140	+212 +140	+216 +196	+225 +196	+242 +196	+268 +196	+304 +284	+313 +284	+330 +284	+356 +284	+360 +340	+369 +340	+386 +340
250	280	+210 +158	+239 +158	+241 +218	+250 +218	+270 +218	+299 +218	+338 +315	+347 +315	+367 +315	+396 +315	+408 +385	+417 +385	+437 +385
280	315	+222 +170	+251 +170	+263 +240	+272 +240	+292 +240	+321 +240	+373 +350	+382 +350	+402 +350	+431 +350	+448 +425	+457 +425	+477 +425
315	355	+247 +190	+279 +190	+293 +268	+304 +268	+325 +268	+357 +268	+415 +390	+426 +390	+447 +390	+479 +390	+500 +475	+511 +475	+532 +475
355	400	+265 +208	+297 +208	+319 +294	+330 +294	+351 +294	+383 +294	+460 +435	+471 +435	+492 +435	+524 +435	+555 +530	+566 +530	+587 +530
400	450	+295 +232	+329 +232	+357 +330	+370 +330	+393 +330	+427 +330	+517 +490	+530 +490	+553 +490	+587 +490	+622 +595	+635 +595	+658 +595
450	500	+315 +252	+349 +252	+387 +360	+400 +360	+423 +360	+457 +360	+567 +540	+580 +540	+603 +540	+637 +540	+687 +660	+700 +660	+723 +660

（续）

公称尺寸/mm		公差带										
		v	x				y			z		
大于	至	8	5	6	7	8	6	7	8	6	7	8
—	3	—	+24 +20	+26 +20	+30 +20	+34 +20	—	—	—	+32 +26	+36 +26	+40 +26
3	6	—	+33 +28	+36 +28	+40 +28	+46 +28	—	—	—	+43 +35	+47 +35	+53 +35
6	10	—	+40 +34	+43 +34	+49 +34	+56 +34	—	—	—	+51 +42	+57 +42	+64 +42
10	14	—	+48 +40	+51 +40	+58 +40	+67 +40	—	—	—	+61 +50	+68 +50	+77 +50
14	18	+66 +39	+53 +45	+56 +45	+63 +45	+72 +45	—	—	—	+71 +60	+78 +60	+87 +60
18	24	+80 +47	+63 +54	+67 +54	+75 +54	+87 +54	+76 +63	+84 +63	+96 +63	+86 +73	+94 +73	+106 +73
24	30	+88 +55	+73 +64	+77 +64	+85 +64	+97 +64	+88 +75	+96 +75	+108 +75	+101 +88	+109 +88	+121 +88
30	40	+107 +68	+91 +80	+96 +80	+105 +80	+119 +80	+110 +94	+119 +94	+133 +94	+128 +112	+137 +112	+151 +112
40	50	+120 +81	+108 +97	+113 +97	+122 +97	+136 +97	+130 +114	+139 +114	+153 +114	+152 +136	+161 +136	+175 +136
50	65	+148 +102	+135 +122	+141 +122	+152 +122	+168 +122	+163 +144	+174 +144	+190 +144	+191 +172	+202 +172	+218 +172
65	80	+166 +120	+159 +146	+165 +146	+176 +146	+192 +146	+193 +174	+204 +174	+220 +174	+229 +210	+240 +210	+256 +210
80	100	+200 +146	+193 +178	+200 +178	+213 +178	+232 +178	+236 +214	+249 +214	+268 +214	+280 +258	+293 +258	+312 +258
100	120	+226 +172	+225 +210	+232 +210	+245 +210	+264 +210	+276 +254	+289 +254	+308 +254	+332 +310	+345 +310	+364 +310
120	140	+265 +202	+266 +248	+273 +248	+288 +248	+311 +248	+325 +300	+340 +300	+303 +300	+390 +365	+405 +365	+428 +365
140	160	+291 +228	+298 +280	+305 +280	+320 +280	+343 +280	+365 +340	+380 +340	+403 +340	+440 +415	+455 +415	+478 +415
160	180	+315 +252	+328 +310	+335 +310	+350 +310	+373 +310	+405 +380	+420 +380	+443 +380	+490 +465	+505 +465	+528 +465
180	200	+356 +284	+370 +350	+379 +350	+396 +350	+422 +350	+454 +425	+471 +425	+497 +425	+549 +520	+566 +520	+592 +520
200	225	+382 +310	+405 +385	+414 +385	+431 +385	+457 +385	+499 +470	+516 +470	+542 +470	+604 +575	+621 +575	+647 +575
225	250	+412 +340	+445 +425	+454 +425	+471 +425	+497 +425	+549 +520	+566 +520	+592 +520	+669 +640	+686 +640	+712 +640
250	280	+466 +385	+498 +475	+507 +475	+527 +475	+556 +475	+612 +580	+632 +580	+661 +580	+742 +710	+762 +710	+791 +710
280	315	+506 +425	+548 +525	+557 +525	+577 +525	+606 +525	+682 +650	+702 +650	+731 +650	+822 +790	+842 +790	+871 +790
315	355	+564 +475	+615 +590	+626 +590	+647 +590	+679 +590	+766 +730	+787 +730	+819 +730	+936 +900	+957 +900	+989 +900
355	400	+619 +530	+685 +660	+696 +660	+717 +660	+749 +660	+856 +820	+877 +820	+909 +820	+1036 +1000	+1057 +1000	+1089 +1000
400	450	+692 +595	+767 +740	+780 +740	+803 +740	+837 +740	+960 +920	+983 +920	+1017 +920	+1140 +1100	+1163 +1100	+1197 +1100
450	500	+757 +660	+847 +820	+860 +820	+883 +820	+917 +820	+1040 +1000	+1063 +1000	+1097 +1000	+1290 +1250	+1313 +1250	+1347 +1250

附录 D 孔的极限偏差 （单位：μm）

公称尺寸/mm		公差带												
		A				B				C				
大于	至	9	10	11	12	9	10	11	12	8	9	10	11	12
—	3	+295 +270	+310 +270	+330 +270	+370 +270	+165 +140	+180 +140	+200 +140	+240 +140	+74 +60	+85 +60	+100 +60	+120 +60	+160 +60
3	6	+300 +270	+318 +270	+345 +270	+390 +270	+170 +140	+188 +140	+215 +140	+260 +140	+88 +70	+100 +70	+118 +70	+145 +70	+190 +70
6	10	+316 +280	+338 +280	+370 +280	+430 +280	+186 +150	+208 +150	+240 +150	+300 +150	+102 +80	+116 +80	+138 +80	+170 +80	+230 +80
10	18	+333 +290	+360 +290	+400 +290	+470 +290	+193 +150	+220 +150	+260 +150	+330 +150	+122 +95	+138 +95	+165 +95	+205 +95	+275 +95
18	30	+352 +300	+384 +300	+430 +300	+510 +300	+212 +160	+244 +160	+290 +160	+370 +160	+143 +110	+162 +110	+194 +110	+240 +110	+320 +110
30	40	+372 +310	+410 +310	+470 +310	+560 +310	+232 +170	+270 +170	+330 +170	+420 +170	+159 +120	+182 +120	+220 +120	+280 +120	+370 +120
40	50	+382 +320	+420 +320	+480 +320	+570 +320	+242 +180	+280 +180	+340 +180	+430 +180	+169 +130	+192 +130	+230 +130	+290 +130	+380 +130
50	65	+414 +340	+460 +340	+530 +340	+640 +340	+264 +190	+310 +190	+380 +190	+490 +190	+186 +140	+214 +140	+260 +140	+330 +140	+440 +140
65	80	+434 +360	+480 +360	+550 +360	+660 +360	+274 +200	+320 +200	+390 +200	+500 +200	+196 +150	+224 +150	+270 +150	+340 +150	+450 +150
80	100	+467 +380	+520 +380	+600 +380	+730 +380	+307 +220	+360 +220	+440 +220	+570 +220	+224 +170	+257 +170	+310 +170	+390 +170	+520 +170
100	120	+497 +410	+550 +410	+630 +410	+760 +410	+327 +240	+380 +240	+460 +240	+590 +240	+234 +180	+267 +180	+320 +180	+400 +180	+530 +180
120	140	+560 +460	+620 +460	+710 +460	+860 +460	+360 +260	+420 +260	+510 +260	+660 +260	+263 +200	+300 +200	+360 +200	+450 +200	+600 +200
140	160	+620 +520	+680 +520	+770 +520	+920 +520	+380 +280	+440 +280	+530 +280	+680 +280	+273 +210	+310 +210	+370 +210	+460 +210	+610 +210
160	180	+680 +580	+740 +580	+830 +580	+980 +580	+410 +310	+470 +310	+560 +310	+710 +310	+293 +230	+330 +230	+390 +230	+480 +230	+630 +230
180	200	+775 +660	+845 +660	+950 +660	+1120 +660	+455 +340	+525 +340	+630 +340	+800 +340	+312 +240	+355 +240	+425 +240	+530 +240	+700 +240
200	225	+855 +740	+925 +740	+1030 +740	+1200 +740	+495 +380	+565 +380	+670 +380	+840 +380	+332 +260	+375 +260	+445 +260	+550 +260	+720 +260
225	250	+935 +820	+1005 +820	+1110 +820	+1280 +820	+535 +420	+605 +420	+710 +420	+880 +420	+352 +280	+395 +280	+465 +280	+570 +280	+740 +280
250	280	+1050 +920	+1130 +920	+1240 +920	+1440 +920	+610 +480	+690 +480	+800 +480	+1000 +480	+381 +300	+430 +300	+510 +300	+620 +300	+820 +300
280	315	+1180 +1050	+1260 +1050	+1370 +1050	+1570 +1050	+670 +540	+750 +540	+860 +540	+1060 +540	+411 +330	+460 +330	+540 +330	+650 +330	+850 +330
315	355	+1340 +1200	+1430 +1200	+1560 +1200	+1770 +1200	+740 +600	+830 +600	+960 +600	+1170 +600	+449 +360	+500 +360	+590 +360	+720 +360	+930 +360
355	400	+1490 +1350	+1580 +1350	+1710 +1350	+1920 +1350	+820 +680	+910 +680	+1040 +680	+1250 +680	+489 +400	+540 +400	+630 +400	+760 +400	+970 +400
400	450	+1655 +1500	+1750 +1500	+1900 +1500	+2130 +1500	+915 +760	+1010 +760	+1160 +760	+1390 +760	+537 +440	+595 +440	+690 +440	+840 +440	+1070 +440
450	500	+1805 +1650	+1900 +1650	+2050 +1650	+2280 +1650	+995 +840	+1090 +840	+1240 +840	+1470 +840	+577 +480	+635 +480	+730 +480	+880 +480	+1110 +480

注：当公称尺寸小于 1mm 时，各级的 A 和 B 均不采用。

公称尺寸/mm														公差
		D					E				F			
大于	至	7	8	9	10	11	7	8	9	10	6	7	8	9
—	3	+30 +20	+34 +20	+45 +20	+60 +20	+80 +20	+24 +14	+28 +14	+39 +14	+54 +14	+12 +6	+16 +6	+20 +6	+31 +6
3	6	+42 +30	+48 +30	+60 +30	+78 +30	+105 +30	+32 +20	+38 +20	+50 +20	+68 +20	+18 +10	+22 +10	+28 +10	+40 +10
6	10	+55 +40	+62 +40	+76 +40	+98 +40	+130 +40	+40 +25	+47 +25	+61 +25	+83 +25	+22 +13	+28 +13	+35 +13	+49 +13
10	18	+68 +50	+77 +50	+93 +50	+120 +50	+160 +50	+50 +32	+59 +32	+75 +32	+102 +32	+27 +16	+34 +16	+43 +16	+59 +16
18	30	+86 +65	+98 +65	+117 +65	+149 +65	+195 +65	+61 +40	+73 +40	+92 +40	+124 +40	+33 +20	+41 +20	+53 +20	+72 +20
30	50	+105 +80	+119 +80	+142 +80	+180 +80	+240 +80	+75 +50	+89 +50	+112 +50	+150 +50	+41 +25	+50 +25	+64 +25	+87 +25
50	80	+130 +100	+146 +100	+174 +100	+220 +100	+290 +100	+90 +60	+106 +60	+134 +60	+180 +60	+49 +30	+60 +30	+76 +30	+104 +30
80	120	+155 +120	+174 +120	+207 +120	+260 +120	+340 +120	+107 +72	+126 +72	+159 +72	+212 +72	+58 +36	+71 +36	+90 +36	+123 +36
120	180	+185 +145	+208 +145	+245 +145	+305 +145	+395 +145	+125 +85	+148 +85	+185 +85	+245 +85	+68 +43	+83 +43	+106 +43	+143 +43
180	250	+216 +170	+242 +170	+285 +170	+355 +170	+460 +170	+146 +100	+172 +100	+215 +100	+285 +100	+79 +50	+96 +50	+122 +50	+165 +50
250	315	+242 +190	+271 +190	+320 +190	+400 +190	+510 +190	+162 +110	+191 +110	+240 +110	+320 +110	+88 +56	+108 +56	+137 +56	+186 +56
315	400	+267 +210	+299 +210	+350 +210	+440 +210	+570 +210	+182 +125	+214 +125	+265 +125	+355 +125	+98 +62	+119 +62	+151 +62	+202 +62
400	500	+293 +230	+327 +230	+385 +230	+480 +230	+630 +230	+198 +135	+232 +135	+290 +135	+385 +135	+108 +68	+131 +68	+165 +68	+223 +68

（续）

带

	G						H					
5	6	7	8	1	2	3	4	5	6	7	8	9
+6 +2	+8 +2	+12 +2	+16 +2	+0.8 0	+1.2 0	+2 0	+3 0	+4 0	+6 0	+10 0	+14 0	+25 0
+9 +4	+12 +4	+16 +4	+22 +4	+1 0	+1.5 0	+2.5 0	+4 0	+5 0	+8 0	+12 0	+18 0	+30 0
+11 +5	+14 +5	+20 +5	+27 +5	+1 0	+1.5 0	+2.5 0	+4 0	+6 0	+9 0	+15 0	+22 0	+36 0
+14 +6	+17 +6	+24 +6	+33 +6	+1.2 0	+2 0	+3 0	+5 0	+8 0	+11 0	+18 0	+27 0	+43 0
+16 +7	+20 +7	+28 +7	+40 +7	+1.5 0	+2.5 0	+4 0	+6 0	+9 0	+13 0	+21 0	+33 0	+52 0
+20 +9	+25 +9	+34 +9	+48 +9	+1.5 0	+2.5 0	+4 0	+7 0	+11 0	+16 0	+25 0	+39 0	+62 0
+23 +10	+29 +10	+40 +10	+56 +10	+2 0	+3 0	+5 0	+8 0	+13 0	+19 0	+30 0	+46 0	+74 0
+27 +12	+34 +12	+47 +12	+66 +12	+2.5 0	+4 0	+6 0	+10 0	+15 0	+22 0	+35 0	+54 0	+87 0
+32 +14	+39 +14	+54 +14	+77 +14	+3.5 0	+5 0	+8 0	+12 0	+18 0	+25 0	+40 0	+63 0	+100 0
+35 +15	+44 +15	+61 +15	+87 +15	+4.5 0	+7 0	+10 0	+14 0	+20 0	+29 0	+46 0	+72 0	+115 0
+40 +17	+49 +17	+69 +17	+98 +17	+6 0	+8 0	+12 0	+16 0	+23 0	+32 0	+52 0	+81 0	+130 0
+43 +18	+54 +18	+75 +18	+107 +18	+7 0	+9 0	+13 0	+18 0	+25 0	+36 0	+57 0	+89 0	+140 0
+47 +20	+62 +20	+83 +20	+117 +20	+8 0	+10 0	+15 0	+20 0	+27 0	+40 0	+63 0	+97 0	+155 0

公称尺寸/mm													公差
		H				J			JS				
大于	至	10	11	12	13	6	7	8	1	2	3	4	5	6
—	3	+40 0	+60 0	+100 0	+140 0	+2 −4	+4 −6	+6 −8	±0.4	±0.6	±1	±1.5	±2	±3
3	6	+48 0	+75 0	+120 0	+180 0	+5 −3	±6	+10 −8	±0.5	±0.75	±1.25	±2	±2.5	±4
6	10	+58 0	+90 0	+150 0	+220 0	+5 −4	+8 −7	+12 −10	±0.5	±0.75	±1.25	±2	±3	±4.5
10	18	+70 0	+110 0	+180 0	+270 0	+6 −5	+10 −8	+15 −12	±0.6	±1	±1.5	±2.5	±4	±5.5
18	30	+84 0	+130 0	+210 0	+330 0	+8 −5	+12 −9	+20 −13	±0.75	±1.25	±2	±3	±4.5	±6.5
30	50	+100 0	+160 0	+250 0	+390 0	+10 −6	+14 −11	+24 −15	±0.75	±1.25	±2	±3.5	±5.5	±8
50	80	+120 0	+190 0	+300 0	+460 0	+13 −6	+18 −12	+28 −18	±1	±1.5	±2.5	±4	±6.5	±9.5
80	120	+140 0	+220 0	+350 0	+540 0	+16 −6	+22 −13	+34 −20	±1.25	±2	±3	±5	±7.5	±11
120	180	+160 0	+250 0	+400 0	+630 0	+18 −7	+26 −14	+41 −22	±1.75	±2.5	±4	±6	±9	±12.5
180	250	+185 0	+290 0	+460 0	+720 0	+22 −7	+30 −16	+47 −25	±2.25	±3.5	±5	±7	±10	±14.5
250	315	+210 0	+320 0	+520 0	+810 0	+25 −7	+36 −16	+55 −26	±3	±4	±6	±8	±11.5	±16
315	400	+230 0	+360 0	+570 0	+890 0	+29 −7	+39 −18	+60 −29	±3.5	±4.5	±6.5	±9	±12.5	±18
400	500	+250 0	+400 0	+630 0	+970 0	+33 −7	+43 −20	+66 −31	±4	±5	±7.5	±10	±13.5	±20

带

							K					M
7	8	9	10	11	12	13	4	5	6	7	8	4
±5	±7	±12	±20	±30	±50	±70	0 −3	0 −4	0 −6	0 −10	0 −14	−2 −5
±6	±9	±15	±24	±37	±60	±90	+0.5 −3.5	0 −5	+2 −6	+3 −9	+5 −13	−2.5 −6.5
±7	±11	±18	±29	±46	±75	±110	+0.5 −3.5	+1 −5	+2 −7	+5 −10	+6 −16	−4.5 −8.5
±9	±13	±21	±36	±55	±90	±135	+1 −4	+2 −6	+2 −9	+6 −12	+8 −19	−5 −10
±10	±16	±26	±42	±65	±105	±165	0 −6	+1 −8	+2 −11	+6 −15	+10 −23	−6 −12
±12	±19	±31	±50	±80	±125	±195	+1 −6	+2 −9	+3 −13	+7 −18	+12 −27	−6 −13
±15	±23	±37	±60	±95	±150	±230	—	+3 −10	+4 −15	+9 −21	+14 −32	—
±17	±27	±43	±70	±110	±175	±270	—	+2 −13	+4 −18	+10 −25	+16 −38	—
±20	±31	±50	±80	±125	±200	±315	—	+3 −15	+4 −21	+12 −28	+20 −43	—
±23	±36	±57	±92	±145	±230	±360	—	+2 −18	+5 −24	+13 −33	+22 −50	—
±26	±40	±65	±105	±160	±280	±405	—	+3 −20	+5 −27	+16 −36	+25 −56	—
±28	±44	±70	±115	±180	±285	±445	—	+3 −22	+7 −29	+17 −40	+28 −61	—
±31	±48	±77	±125	±200	±315	±485	—	+2 −25	+8 −32	+18 −45	+29 −68	—

（续）

公称尺寸/mm		公差带												
		M				N					P			
大于	至	5	6	7	8	5	6	7	8	9	5	6	7	8
—	3	−2 −6	−2 −8	−2 −12	−2 −16	−4 −8	−4 −10	−4 −14	−4 −18	−4 −29	−6 −10	−6 −12	−6 −16	−6 −20
3	6	−3 −8	−1 −9	0 −12	+2 −16	−7 −12	−5 −13	−4 −16	−2 −20	0 −30	−11 −16	−9 −17	−8 −20	−12 −30
6	10	−4 −10	−3 −12	0 −15	+1 −21	−8 −14	−7 −16	−4 −19	−3 −25	0 −36	−13 −19	−12 −21	−9 −24	−15 −37
10	18	−4 −12	−4 −15	0 −18	+2 −25	−9 −17	−9 −20	−5 −23	−3 −30	0 −43	−15 −23	−15 −26	−11 −29	−18 −45
18	30	−5 −14	−4 −17	0 −21	+4 −29	−12 −21	−11 −24	−7 −28	−3 −36	0 −52	−19 −28	−18 −31	−14 −35	−22 −55
30	50	−5 −16	−4 −20	0 −25	+5 −34	−13 −24	−12 −28	−8 −33	−3 −42	0 −62	−22 −33	−21 −37	−17 −42	−26 −65
50	80	−6 −19	−5 −24	0 −30	+5 −41	−15 −28	−14 −33	−9 −39	−4 −50	0 −74	−27 −40	−26 −45	−21 −51	−32 −78
80	120	−8 −23	−6 −28	0 −35	+6 −48	−18 −33	−16 −38	−10 −45	−4 −58	0 −87	−32 −47	−30 −52	−24 −59	−37 −91
120	180	−9 −27	−8 −33	0 −40	+8 −55	−21 −39	−20 −45	−12 −52	−4 −67	0 −100	−37 −55	−36 −61	−28 −68	−43 −106
180	250	−11 −31	−8 −37	0 −46	+9 −63	−25 −45	−22 −51	−14 −60	−5 −77	0 −115	−44 −64	−41 −70	−33 −79	−50 −122
250	315	−13 −36	−9 −41	0 −52	+9 −72	−27 −50	−25 −57	−14 −66	−5 −86	0 −130	−49 −72	−47 −79	−36 −88	−56 −137
315	400	−14 −39	−10 −46	0 −57	+11 −78	−30 −55	−26 −62	−16 −73	−5 −94	0 −94	−55 −80	−51 −87	−41 −98	−62 −151
400	500	−16 −43	−10 −50	0 −63	+11 −86	−33 −60	−27 −67	−17 −80	−6 −103	0 −155	−61 −88	−55 −95	−45 −108	−68 −165

（续）

公称尺寸/mm		P	R				S				T			U
大于	至	9	5	6	7	8	5	6	7	8	6	7	8	6
—	3	−6	−10	−10	−10	−10	−14	−14	−14	−14				−18
		−31	−14	−16	−20	−24	−18	−20	−24	−28	—	—	—	−24
3	6	−12	−14	−12	−11	−15	−18	−16	−15	−19				−20
		−42	−19	−20	−23	−33	−23	−24	−27	−37				−28
6	10	−15	−17	−16	−13	−19	−21	−20	−17	−23				−25
		−51	−23	−25	−28	−41	−27	−29	−32	−45				−34
10	18	−18	−20	−20	−16	−23	−25	−25	−21	−28				−30
		−61	−28	−31	−34	−50	−33	−36	−39	−55	—	—	—	−41
18	24	−22	−25	−24	−20	−28	−32	−31	−27	−35				−37
		−74	−34	−37	−41	−61	−41	−44	−48	−68	—	—	—	−50
24	30										−37	−33	−41	−44
											−50	−54	−74	−57
30	40	−26	−30	−29	−25	−34	−39	−38	−34	−43	−43	−39	−48	−55
		−88	−41	−45	−50	−73	−50	−54	−59	−82	−59	−64	−87	−71
40	50										−49	−45	−54	−65
											−65	−70	−93	−81
50	65	−32	−36	−35	−30	−41	−48	−47	−42	−53	−60	−55	−66	−81
		−106	−49	−54	−60	−87	−61	−66	−72	−99	−79	−85	−112	−100
65	80		−38	−37	−32	−43	−54	−53	−48	−59	−69	−64	−75	−96
			−51	−56	−62	−89	−67	−72	−78	−105	−88	−94	−121	−115
80	100	−37	−46	−44	−38	−51	−66	−64	−58	−71	−84	−78	−91	−117
		−124	−61	−66	−73	−105	−81	−86	−93	−125	−106	−113	−145	−139
100	120		−49	−47	−41	−54	−74	−72	−66	−79	−97	−91	−104	−137
			−64	−69	−76	−108	−89	−94	−101	−133	−119	−126	−158	−159
120	140	−43	−57	−56	−48	−63	−86	−85	−77	−92	−115	−107	−122	−163
		−143	−75	−81	−88	−126	−104	−110	−117	−155	−140	−147	−185	−188
140	160		−59	−58	−50	−65	−94	−93	−85	−100	−127	−119	−134	−183
			−77	−83	−90	−128	−112	−118	−125	−163	−152	−159	−197	−208
160	180		−62	−61	−53	−68	−102	−101	−93	−108	−139	−131	−146	−203
			−80	−86	−93	−131	−120	−126	−133	−171	−164	−171	−209	−228
180	200	−50	−71	−68	−60	−77	−116	−113	−105	−122	−157	−149	−166	−227
		−165	−91	−97	−106	−149	−136	−142	−151	−194	−186	−195	−238	−256
200	225		−74	−71	−63	−80	−124	−121	−113	−130	−171	−163	−180	−249
			−94	−100	−109	−152	−144	−150	−159	−202	−200	−209	−252	−278
225	250		−78	−75	−67	−84	−134	−131	−123	−140	−187	−179	−196	−275
			−98	−104	−113	−156	−154	−160	−169	−212	−216	−225	−268	−304
250	280	−56	−87	−85	−74	−94	−151	−149	−138	−158	−209	−198	−218	−306
		−186	−110	−117	−126	−175	−174	−181	−190	−239	−241	−250	−299	−338
280	315		−91	−89	−78	−98	−163	−161	−150	−170	−231	−220	−240	−341
			−114	−121	−130	−179	−186	−193	−202	−251	−263	−272	−321	−373
315	355	−62	−101	−97	−87	−108	−183	−179	−169	−190	−257	−247	−268	−379
		−202	−126	−133	−144	−197	−208	−215	−226	−279	−293	−304	−357	−415
355	400		−107	−103	−93	−114	−201	−197	−187	−208	−283	−273	−294	−424
			−132	−139	−150	−203	−226	−233	−244	−297	−319	−330	−383	−460
400	450	−68	−119	−113	−103	−126	−225	−219	−209	−232	−317	−307	−330	−477
		−223	−146	−153	−166	−223	−252	−259	−272	−329	−357	−370	−427	−517
450	500		−125	−119	−109	−132	−245	−239	−229	−252	−347	−337	−360	−527
			−152	−159	−172	−229	−272	−279	−292	−349	−387	−400	−457	−567

（续）

公称尺寸/mm		公差带													
		U		V			X			Y			Z		
大于	至	7	8	6	7	8	6	7	8	6	7	8	6	7	8
—	3	−18 −28	−18 −32	—	—	—	−20 −26	−20 −30	−20 −34	—	—	—	−26 −32	−26 −36	−26 −40
3	6	−19 −31	−23 −41	—	—	—	−25 −33	−24 −36	−28 −46	—	—	—	−32 −40	−31 −43	−35 −53
6	10	−22 −37	−28 −50	—	—	—	−31 −40	−28 −43	−34 −56	—	—	—	−39 −48	−36 −51	−42 −64
10	14	−26 −44	−33 −60	—	—	—	−37 −48	−33 −51	−40 −67	—	—	—	−47 −58	−43 −61	−50 −77
14	18			−36 −47	−32 −50	−39 −66	−42 −53	−38 −56	−45 −72	—	—	—	−57 −68	−53 −71	−60 −87
18	24	−33 −54	−41 −74	−43 −56	−39 −60	−47 −80	−50 −63	−46 −67	−54 −87	−59 −72	−55 −76	−63 −96	−69 −82	−65 −86	−73 −106
24	30	−40 −61	−48 −81	−51 −64	−47 −68	−55 −88	−60 −73	−56 −77	−64 −97	−71 −84	−67 −88	−75 −108	−84 −97	−80 −101	−88 −121
30	40	−51 −76	−60 −99	−63 −79	−59 −84	−68 −107	−75 −91	−71 −96	−80 −119	−89 −105	−85 −110	−94 −133	−107 −123	−103 −128	−112 −151
40	50	−61 −86	−70 −109	−76 −92	−72 −97	−81 −120	−92 −108	−88 −113	−97 −136	−109 −125	−105 −130	−114 −153	−131 −147	−127 −152	−136 −175
50	65	−76 −106	−87 −133	−96 −115	−91 −121	−102 −148	−116 −135	−111 −141	−122 −168	−138 −157	−133 −163	−144 −190	—	−161 −191	−172 −218
65	80	−91 −121	−102 −148	−114 −133	−109 −139	−120 −166	−140 −159	−135 −165	−146 −192	−168 −187	−163 −193	−174 −220	—	199 −229	210 −256
80	100	−111 −146	−124 −178	−139 −161	−1332 −168	−146 −200	−171 −193	−165 −200	−178 −232	−207 −229	−201 −236	−214 −268	—	−245 −280	−258 −312
100	120	−131 −166	−144 −198	−165 −187	−159 −194	−172 −226	−203 −225	−197 −232	−210 −264	−247 −269	−241 −276	−254 −308	—	−297 −332	−310 −364
120	140	−155 −195	−170 −233	−195 −220	−187 −227	−202 −265	−241 −266	−233 −273	−248 −311	−293 −318	−285 −325	−300 −363	—	−350 −390	−365 −428
140	160	−175 −215	−190 −253	−221 −246	−213 −253	−228 −291	−273 −298	−265 −305	−280 −343	−333 −358	−325 −365	−340 −403	—	−400 −440	−415 −478
160	180	−195 −235	−210 −273	−245 −270	−237 −277	−252 −315	−303 −328	−295 −335	−310 −373	−373 −398	−365 −405	−380 −443	—	−450 −490	−465 −528
180	200	−219 −265	−236 −308	−275 −304	−267 −313	−284 −356	−341 −370	−333 −379	−350 −422	−416 −445	−408 −454	−425 −497	—	−503 −549	−520 −592
200	225	−241 −287	−258 −330	−301 −330	−293 −339	−310 −382	−376 −405	−368 −414	−385 −457	−461 −490	−453 −499	−470 −542	—	−558 −604	−575 −647
225	250	−267 −313	−284 −356	−331 −360	−323 −369	−340 −412	−416 −445	−408 −454	−425 −497	−511 −540	−503 −549	−520 −592	—	−623 −669	−640 −712
250	280	−295 −347	−315 −396	−376 −408	−365 −417	−385 −466	−466 −498	−455 −507	−475 −556	−571 −603	−560 −612	−580 −661	—	−690 −742	−710 −791
280	315	−330 −382	−350 −431	−416 −448	−405 −457	−425 −506	−516 −548	−505 −557	−525 −606	−641 −673	−630 −682	−650 −731	—	−770 −822	−790 −871
315	355	−369 −426	−390 −479	−464 −500	−454 −511	−475 −564	−579 −615	−560 −626	−590 −679	−719 −755	−709 −766	−730 −819	—	−879 −936	−900 −989
355	400	−414 −471	−435 −524	−519 −555	−509 −566	−530 −619	−649 −685	−639 −696	−660 −749	−809 −845	−799 −856	−820 −909	—	−979 −1036	−1000 −1089
400	450	−467 −530	−490 −587	−582 −622	−572 −635	−595 −692	−727 −767	−717 −780	−740 −837	−907 −947	−897 −969	−920 −1017	—	−1077 −1140	−1100 −1197
450	500	−517 −580	−540 −637	−647 −687	−637 −700	−660 −757	−807 −847	−797 −860	−820 −917	−987 −1027	−977 −1040	−1000 −1097	—	−1227 −1290	−1250 −1347

附录 E 直线度和平面度公差值 （单位：μm）

主参数 L/mm	公差等级											
	IT1	IT2	IT3	IT4	IT5	IT6	IT7	IT8	IT9	IT10	IT11	IT12
≤10	0.2	0.4	0.8	1.2	2	3	5	8	12	20	30	60
>10~16	0.25	0.5	1	1.5	2.5	4	6	10	15	25	40	80
>16~25	0.3	0.6	1.2	2	3	5	8	12	20	30	50	100
>25~40	0.4	0.8	1.5	2.5	4	6	10	15	25	40	60	120
>40~63	0.5	1	2	3	5	8	12	20	30	50	80	150
>63~100	0.6	1.2	2.5	4	6	10	15	25	40	60	100	200
>100~160	0.8	1.5	3	5	8	12	20	30	50	80	120	250
>160~250	1	2	4	6	10	15	25	40	60	100	150	300
>250~400	1.2	2.5	5	8	12	20	30	50	80	120	200	400

主参数 L 图例

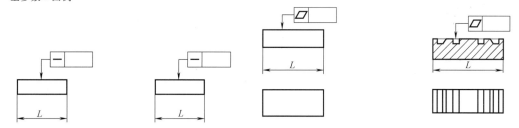

附录 F 圆度和圆柱度公差值 （单位：μm）

主参数 d、D/mm	公差等级												
	IT0	IT1	IT2	IT3	IT4	IT5	IT6	IT7	IT8	IT9	IT10	IT11	IT12
≤3	0.1	0.2	0.3	0.5	0.8	1.2	2	3	4	6	10	14	25
>3~6	0.1	0.2	0.4	0.6	1	1.5	2.5	4	5	8	12	18	30
>6~10	0.12	0.25	0.4	0.6	1	1.5	2.5	4	6	9	15	22	36
>10~18	0.15	0.25	0.5	0.8	1.2	2	3	5	8	11	18	27	43
>18~30	0.2	0.3	0.6	1	1.5	2.5	4	6	9	13	21	33	52
>30~50	0.25	0.4	0.6	1	1.5	2.5	4	7	11	16	25	39	62
>50~80	0.3	0.5	0.8	1.2	2	3	5	8	13	19	30	46	74
>80~120	0.4	0.6	1	1.5	2.5	4	6	10	15	22	35	54	87
>120~180	0.6	1	1.2	2	3.5	5	8	12	18	25	40	63	100
>180~250	0.8	1.2	2	3	4.5	7	10	14	20	29	46	72	115
>250~315	1	1.6	2.5	4	6	8	12	16	23	32	52	81	130

主参数 d、D 图例

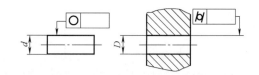

附录 G　平行度、垂直度和倾斜度公差值　　　（单位：μm）

主参数 $L、d(D)/mm$	公差等级											
	IT1	IT2	IT3	IT4	IT5	IT6	IT7	IT8	IT9	IT10	IT11	IT12
≤10	0.4	0.8	1.5	3	5	8	12	20	30	50	80	120
>10~16	0.5	1	2	4	6	10	15	25	40	60	100	150
>16~25	0.6	1.2	2.5	5	8	12	20	30	50	80	120	200
>25~40	0.8	1.5	3	6	10	15	25	40	60	100	150	250
>40~63	1	2	4	8	12	20	30	50	80	120	200	300
>63~100	1.2	2.5	5	10	15	25	40	60	100	150	250	400
>100~160	1.5	3	6	12	20	30	50	80	120	200	300	500
>160~250	2	4	8	15	25	40	60	100	150	250	400	600
>250~400	2.5	5	10	20	30	50	80	120	200	300	500	800

主参数 $L、d(D)$ 图例

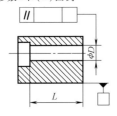 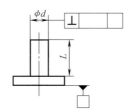 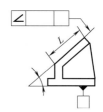

附录 H　同轴度、对称度、圆跳动和全跳动公差值　　　（单位：μm）

主参数 $d(D)$、 $B、L/mm$	公差等级											
	IT1	IT2	IT3	IT4	IT5	IT6	IT7	IT8	IT9	IT10	IT11	IT12
≤1	0.4	0.6	1.0	1.5	2.5	4	6	10	15	25	40	60
>1~3	0.4	0.6	1.0	1.5	2.5	4	6	10	20	40	60	120
>3~6	0.5	0.8	1.2	2	3	5	8	12	25	50	80	150
>6~10	0.6	1	1.5	2.5	4	6	10	15	30	60	100	200
>10~18	0.8	1.2	2	3	5	8	12	20	40	80	120	250
>18~30	1	1.5	2.5	4	6	10	15	25	50	100	150	300
>30~50	1.2	2	3	5	8	12	20	30	60	120	200	400
>50~120	1.5	2.5	4	6	10	15	25	40	80	150	250	500
>120~250	2	3	5	8	12	20	30	50	100	200	300	600
>250~500	2.5	4	6	10	15	25	40	60	120	250	400	800

主参数 $d(D)、B、L$ 图例

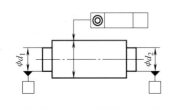 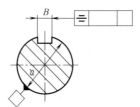 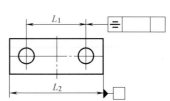

（续）

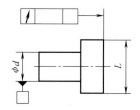 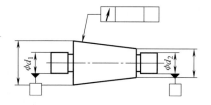

当实际要素为圆锥面时，取 $d = (d_1 + d_2)/2$

注：使用同轴度公差值时，应在表中查得的数值前加注"ϕ"。

附录 I　位置度数系 （单位：μm）

1	1.2	1.5	2	2.5	3	4	5	6	8
1×10^n	1.2×10^n	1.5×10^n	2×10^n	2.5×10^n	3×10^n	4×10^n	5×10^n	6×10^n	8×10^n

注：n 为正整数。

附录 J　部分普通螺纹的公称尺寸 （单位：mm）

公称直径 D、d（大径）	直径系列	螺距 P		中径 D_2、d_2	小径 D_1、d_1
16	第一系列	粗牙	2	14.701	13.835
		细牙	1.5	15.026	14.376
			1	15.350	14.917
18	第二系列	粗牙	2.5	16.376	15.294
		细牙	2	16.701	15.835
			1.5	17.026	16.376
			1	17.350	16.917
20	第一系列	粗牙	2.5	18.376	17.294
		细牙	2	18.701	17.835
			1.5	19.026	18.376
			1	19.350	18.917
22	第二系列	粗牙	2.5	20.376	19.294
		细牙	2	20.701	19.835
			1.5	21.026	20.376
			1	21.350	20.917
24	第一系列	粗牙	3	22.051	20.752
		细牙	2	22.701	21.835
			1.5	23.026	22.376
			1	23.350	22.917
25	第三系列	粗牙	2	23.701	22.835
		细牙	1.5	24.026	23.376
			1	24.350	23.917

附录 K 各类配合要求的孔、轴表面粗糙度参数的推荐值

表 面 特 征			$Ra/\mu m$ 不大于		
	公差等级	表面	公称尺寸/mm		
			~50	>50~500	
轻度装卸零件的配合表面(如交换齿轮、滚刀等)	5	轴	0.2	0.4	
		孔	0.4	0.8	
	6	轴	0.4	0.8	
		孔	0.4~0.8	0.8~1.6	
	7	轴	0.4~0.8	0.8~1.6	
		孔	0.8	1.6	
	8	轴	0.8	1.6	
		孔	0.8~1.6	1.6~3.2	
	公差等级	表面	公称尺寸/mm		
			~50	>50~120	>120~500
过盈配合的配合表面	装配按机械压入法 5	轴	0.1~0.2	0.4	0.4
		孔	0.2~0.4	0.8	0.8
	6~7	轴	0.4	0.8	1.6
		孔	0.8	1.6	1.6
	8	轴	0.8	0.8~1.6	1.6~3.2
		孔	1.6	1.6~3.2	1.6~3.2
	热装法	轴	1.6		
		孔	1.6~3.2		

表 面 特 征		$Ra/\mu m$ 不大于					
精密定心用配合的零件表面	表面	径向跳动公差/μm					
		2.5	4	6	10	16	25
		$Ra/\mu m$ 不大于					
	轴	0.05	0.1	0.1	0.2	0.4	0.8
	孔	0.1	0.2	0.2	0.4	0.8	1.6
滑动轴承的配合表面	表面	公差等级		液体湿摩擦条件			
		6~9	10~12				
		$Ra/\mu m$ 不大于					
	轴	0.4~0.8	0.8~3.2	0.1~0.4			
	孔	0.8~1.6	1.6~3.2	0.2~0.8			

附录 L 配合面的表面粗糙度

轴或轴承座直径/mm		轴或外壳配合表面直径公差等级								
		IT7			IT6			IT5		
		表面粗糙度/μm								
超过	到	Rz	Ra		Rz	Ra		Rz	Ra	
			磨	车		磨	车		磨	车
0	80	10	1.6	3.3	6.3	0.8	1.6	4	0.4	0.8
80	500	16	1.6	3.2	10	1.6	3.2	6.3	0.8	1.6
端面		25	3.2	6.3	25	3.2	6.3	10	1.6	3.2

参 考 文 献

［1］ 全国产品尺寸和几何技术规范标准化技术委员会. 产品几何技术规范（GPS） 极限与配合 第1部分：公差、偏差和配合的基础：GB/T 1800.1—2020［S］. 北京：中国标准出版社，2020.

［2］ 全国产品尺寸和几何技术规范标准化技术委员会. 产品几何技术规范（GPS） 极限与配合 第2部分：标准公差等级和孔、轴极限偏差表：GB/T 1800.2—2020［S］. 北京：中国标准出版社，2009.

［3］ 全国产品尺寸和几何技术规范标准化技术委员会. 一般公差 未注公差的线性和角度尺寸的公差：GB/T 1804—2000［S］. 北京：中国标准出版，2000.

［4］ 全国产品尺寸和几何技术规范标准化技术委员会. 产品几何技术规范（GPS） 几何公差 形状、方向、位置和跳动公差标注：GB/T 1182—2018［S］. 北京：中国标准出版社，2019.

［5］ 全国产品尺寸和几何技术规范标准化技术委员会. 产品几何技术规范（GPS） 基础概念、原则和规则：GB/T 4249—2018［S］. 北京：中国标准出版社，2019.

［6］ 全国产品尺寸和几何技术规范标准化技术委员会. 产品几何技术规范（GPS） 几何公差 最大实体要求（MMR）、最小实体要求（LMR）和可逆要求（RPR）：GB/T 16671—2018［S］. 北京：中国标准出版社，2019.

［7］ 全国机器轴与附件标准化技术委员会. 平键 键槽的剖面尺寸：GB/T 1095—2003［S］. 北京：中国标准出版社，2003.

［8］ 全国机器轴与附件标准化技术委员会. 普通型 平键：GB/T 1096—2003［S］. 北京：中国标准出版社，2003.

［9］ 全国产品尺寸和几何技术规范标准化技术委员会. 产品几何技术规范（GPS） 表面结构 轮廓法 术语、定义及表面结构参数：GB/T 3505—2009［S］. 北京：中国标准出版社，2009.

［10］ 全国产品尺寸和几何技术规范标准化技术委员会. 产品几何技术规范（GPS） 表面结构 轮廓法 表面粗糙度参数及其数值：GB/T 1031—2009［S］. 北京：中国标准出版社，2009.

［11］ 全国产品尺寸和几何技术规范标准化技术委员会. 产品几何技术规范（GPS） 技术产品文件中表面结构的表示法：GB/T 131—2006［S］. 北京：中国标准出版社，2007.

［12］ 全国螺纹标准化技术委员会. 普通螺纹 公差：GB/T 1197—2018［S］. 北京：中国标准出版社，2018.

［13］ 全国齿轮标准化技术委员会. 圆柱齿轮 精度制 第1部分：轮齿同侧齿面偏差的定义和允许值：GB/T 10095.1—2008［S］. 北京：中国标准出版社，2008.

［14］ 全国齿轮标准化技术委员会. 圆柱齿轮 精度制 第2部分：径向综合偏差与径向跳动的定义和允许值：GB/T 10095.2—2008［S］. 北京：中国标准出版社，2008.

［15］ 陈晓华. 机械精度设计与检测［M］. 3版. 北京：中国计量出版社，2015.

［16］ 张也晗，刘永猛，刘品. 机械精度设计与检测基础［M］. 10版. 哈尔滨：哈尔滨工业大学出版社，2019.

［17］ 荀占超. 公差配合与测量技术［M］. 北京：机械工业出版社，2018.

［18］ 王立波，赵岩铁. 公差配合与测量技术［M］. 5版. 北京：北京航空航天大学出版社，2021.

［19］ 吴拓. 公差配合与技术测量［M］. 北京：机械工业出版社，2021.

［20］ 马惠萍，互换性与测量技术基础案例教程［M］. 2版. 北京：机械工业出版社，2022.